大是文化

半導體，下一個劇本

領先一奈米就領先全世界，文科生也能秒懂，
入門變內行，股票投資買對上下游標的。

韓國生產技術研究院半導體研究員
YouTube「SOD」科學頻道經營者，
訂閱者近 60 萬人

權順鎔 —著　　葛瑞絲 —譯

目錄

第2章 哪些科技未來最會賺？股票族如何布局？

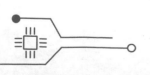

第3章

往後十年，半導體的下一個劇本 177

第4章

模擬五感的虛擬科技，比現實更真實 233

推薦序一

床邊故事般的簡易解說，文科生也能無痛秒懂

文藻外語大學應用華語文系專任副教授／施忠賢

不知道有多少人跟我一樣，即使深以台積電為榮，卻一直不懂什麼叫半導體？但答案不是明擺在那裡嗎？就是半個導體，用看的便能理解！也許這就是文科人面對理科的隱形鴻溝、自我設限。對多數人而言，理科生就是高科技的導體（靈犀相通），文科生則是高科技的絕緣體（一竅不通），涇渭如此分明。

跟著學生上著半導體的初階、進階課程，我發覺自己逐漸被喚醒了埋藏許久的理工魂。倒不是個人有什麼理工的天賦，而是在半導體的發展過程中，看著科學家和工程師們面對問題去思考解方、更新策略去改變製程、嘗試材料去開發可能性……不得不說，有許多令人拍案叫絕的驚喜（如MOSFET〔詳見第四十二頁〕本身的結構設計），也有讓人引頸期待的未來（三進位半導體結合5G或6G之後，人類生活的全面改變）。

這些內容剝開理論、公式或專業的外殼，其實內在蘊含的是很實際的大自然法則、很基礎的邏輯性思維，以及很精彩的人類創造力。

所以我們需要的是化繁為簡，**用如同床邊故事般的輕鬆角度與親切方式，引人入勝的敘說半導體的精彩知識**，最後深埋到大家的記憶中。尤其在臺灣，這個全球半導體產業鏈最完整、最不可思議的國度，半導體的知識理應存於國人的DNA中。

本書內容，恰可以作為幫民眾有效開啟半導體大門的敲門磚。作者從材料、構造和功能講起，用一種介於專業和生活的語言，講述著半導體在學術創發和生活上的應用。最後，本書最令人神往的是，作者花了很大的篇幅，用極富浪漫的想像和堅信可能的推論，預示了半導體已經或即將對未來的世界做出的改變，個個都翻天覆地，像是能源蒐集（energy harvesting，也稱能源採集）、全像投影、腦機介面，以及虛擬與現實的不分。

最後，作者身為韓國學者，在書中大量介紹韓國半導體的研發與成果，這對臺灣民眾來講，更是極難得的知己知彼寶典。對手可敬，我們更要加把勁，讓自己從高科技的絕緣體，進化到半導體。歡迎大家一同加入這個行列！

推薦序二

歷史相近的臺韓半導體，未來仍會緊密相連

DIGITIMES 董事長暨《電子時報》社長／黃欽勇

中國進口的半導體有三六％來自臺灣，日本也有三三％，估計臺灣半導體業對GDP的貢獻值，將從二〇二一年的一一％提高到二〇二三年的一三％。相較於專攻晶圓製造與設計的臺灣，韓國將產業重心放在記憶體上，但也成效卓著。

二〇二二年上半年，韓國半導體貿易順差為六百七十億美元（按：全書美元兌新臺幣之匯率，皆以臺灣銀行在二〇二二年十月公告之均價三一．四元為準，約新臺幣二．一兆元），其他產業卻帶來三百七十七億美元的逆差，由此可知，韓國靠半導體平衡貿易逆差。對外債高達六千六百二十億美元（截至二〇二二年六月）的韓國而言，半導體業更是中流砥柱。

半個世紀以來，臺韓同步發展經濟，就連發展半導體產業的歷史也十分相近。一九八三年，三星電子與現代電子也宣示進軍半導體，但沒有人認為人均所得不到兩千美元的韓國夠

格挑戰資本密集、技術密集的半導體產業。

那時，聯電剛剛起步，離開半導體公司德州儀器（Texas Instruments，簡稱ＴＩ）的張忠謀，在一九八五年來到臺灣，扛起半導體業的大旗。一九八五年，我加入資策會的產業情報研究所（ＭＩＣ），擔任專職的韓國產業研究員；那時的韓國雖非研究主力，卻是對比臺灣產業發展進程最重要的指標。

ＭＩＣ是李國鼎資政接受美籍科技顧問鮑伯．伊凡斯（Bob Evans）建議成立的機構，臺灣中小企業多，蒐集資料不專業，政府官員的專業認識也不足，他建議成立一個單位，專門蒐集全球產業資訊，並為臺灣綢繆產業戰略，這也是臺灣第一個產業智庫。

我在ＩＣＴ（資訊及通訊科技）產業最繁榮興盛的一九九〇年代領導ＭＩＣ，一九九二到一九九七年，臺灣的ＩＣＴ產業至少成長十倍，我們在那個沒有手機、沒有網際網路的美好時代長大，見證了臺灣從無到有的經驗，而我也從未放棄研究韓國的天命。

一九九八年，我創辦了臺灣唯一的產業報《電子時報》，韓國的產業資訊向來是我們的主力之一，看到本書也頗為感慨，寫這種書，必須兼具對產業知識與技術趨勢的理解，出身韓國生產技術研究院的權順鎔，能受邀擔任總統管轄的國家知識財產委員會宣傳大使，更是財團法人研究機構中少見的特例。**這本書不僅是科普書籍，更連結了韓國的產業發展經驗，探索半導體產業環境與技術趨勢。**

前言
看不見的半導體，看得見的劇本

牛津大學馬庫斯．杜．索托伊教授（Marcus du Sautoy）曾說，存在於這世上的數據中，有九〇%在近五年內才出現。現今每兩天產生的數據量，等同人類文明開始時，至二〇〇三年間所產生的數據總量，這樣想想，說現代世界「日新月異」一點也不誇張。

而我敢大膽斷言，半導體就在這變化多端的世界中心。半導體在二十世紀後期開始嶄露頭角，在儲存及處理數據上扮演不可或缺的重要角色，也提升科學技術發展的速度。

幾年前，我們只能在科幻電影裡看到可彎曲的螢幕顯示器、自動駕駛汽車，以及能夠多人同時進入的虛擬空間，但事實上，這些技術已悄然來到我們身邊。

設計特殊的GPU（按：圖形處理器，專門在個人電腦、工作站、遊戲機和行動裝置上執行繪圖運算工作的微處理器）的半導體公司NVIDIA（按：中譯名為輝達），創始人兼執行長黃仁勳曾說：「過去二十年的發展，如果算是驚人，那未來二十年的進步，肯定將如同一場科幻電影。」

本書將介紹，半導體技術會如何把我們變成科幻電影的主角，從半導體的基本概念開始，到無法超越的「新世界」研究。第一章將說明半導體的研發歷史及主要功能，也會提到最新研究。

第二章將介紹目前最熱門的半導體技術。我會說明許多正在大幅改變我們日常生活的科技，從自動駕駛汽車到無線通訊，內容包羅萬象。也許你會覺得，這都是已經知道的內容了，但只要慢慢讀下去，就會有新的發現，因為半導體是相當有價值的未來技術，眼前所見的只是一小部分而已。

接著，第三章將說明半導體與能源相關的內容。**半導體不只是處理數據的裝置，還能有效使用能源，未來甚至能負責製造能源**，若能事先掌握這些內容，就能以更萬全的視角為未來做準備。

第四章的內容則如同科幻電影情節，高效能半導體將生動模擬人類的五個感官，雖然是人工的，卻比現實更真實。近期的相關研究，比以往獲得的成果還要更好，而我們的終極目標是研發出能直接與大腦相互作用的半導體。我大膽預測，**在未來，虛擬與現實的分界將會消失。**

在每個小節中穿插的小故事，則會提到與正文相關的其他半導體、科學工程及經濟事件，只要依序閱讀，你就能明白，半導體真的存在於世上每一個角落。

人類的生活跟半導體密不可分，其主因，是半導體太小、過於隱密，不在我們的視線範圍內；所以，我更認為半導體這個主題值得大眾探究，但是，由於這是一個需要專業的領域，若沒有主修相關領域的專家，普通人往往也只能略知一二。

我寫這本書時，努力結合了半導體的這兩個特徵。因此，在閱讀本書時，可以抱持著閱讀知識叢書或是觀賞科幻電影的態度，雖然帶點緊張感，但又可以輕鬆閱覽；此外，你也可以用專家的視角，來了解各種半導體技術結合起來後，將會形成何種大趨勢。

說不定有一些讀者在讀這本書時，還能發現不錯的投資標的。無論如何，只要半導體這一主題更貼近讀者的生活，我想，這本書就達成目的了。

每當我這樣說，就一定有人會嘲笑道：「我們又看不到半導體，你提到的那些技術，連研究室的門都出不了，怎麼可能改變我們的人生？」在我的 YouTube 頻道上，就偶爾會看到類似的留言。

但我認為，說這種話的人反而會錯失良機，因為所有偉大的發現，都來自於小小的好奇心。物理學家阿爾伯特・愛因斯坦（Albert Einstein）曾說：「我沒有什麼特殊的天賦，只是擁有熱切的好奇心。」

寫下這本書時，我獲得許多人的幫助，因為這與半導體這一主題有關，所以我想利用簡短的篇幅說一下。

二〇二〇年二月，由紐約州立大學水牛城分校（University at Buffalo）、澳洲西澳大學（University of Western Australia）及哈佛大學（Harvard University）共同組成的研究團隊，發表了一個相當有趣的研究：他們找來兩千五百名實驗對象，探索他們獲得經濟上的成功與孤獨之間的關係，並得出結論：「越重視經濟層面之成功的人，越為孤獨，所以這樣的人會強迫自己花更多時間與他人交流。」

沒想到越追求金錢，會越孤獨！我想，這也證明了我們無法只靠金錢就獲得愛情或友情吧！當然，這個研究小組所獲得的結論，不一定是正確答案，但我很同意他們的看法。為了獲得財富自由，過去兩年我持續經營 YouTube 頻道，這段期間我內心最強烈的感受，就是孤獨。

我的頻道獲得眾多觀眾的喜愛，有些人甚至放棄念書的時間，改看我的頻道；但很奇怪的是，儘管能觸及這麼多觀眾，我仍然感到孤單。每天睡到快中午才起床，簡單吃個飯後，就一邊喝咖啡，一邊閱讀各類金融雜誌、科學與工程相關論文；短暫休息過後，便從晚上開始剪輯影片到隔天凌晨。雖然可能會有人羨慕我的生活，但孤獨卻在我心中的某個角落持續累積。

後來，我告訴自己不能再這樣下去，我便從二〇二一年開始，大幅增加對外活動。我和韓國科學 YouTuber 科學 Cookie、科學 Dream、科技傳播講師 EXO 等人交流，也向韓國科學技術研究院（KIST）腦科學研究室團長趙日周（按：以下譯名多為音譯）、研究員閔秉權和金萊賢、成均館大學新材料工程系白正敏副教授、首爾大學醫學系洪允哲教授、梨大木洞醫院金振宇教授等人請益，他們現在仍在研究的第一線絞盡腦汁。

另外，科學技術的發展與政策密不可分，因此我也曾與韓國國民之黨（按：於二〇二二年正式併入國民力量）黨主席安哲秀、前國會議員鄭炳國等政治名流見面，討論相關議題。在我與各領域的專業人士合作後，才有種重新活過來的感覺，也明白無論是想獲得經濟還是其他層面的成功，若不想被目標蒙蔽雙眼，就必須與他人維繫關係。對於告訴我這個簡單真理的所有人，我致上謝意。

我希望未來依然能感受到自己真真切切的活著，但若要達到這個目的，就必須不斷用新的方式認識新的人，而這就是我寫下這本書的原因。雖然不是面對面與讀者交流，但這本書是我能與更多人交流的機會。

雖然在本書中，我還會再更加仔細的說明，但我想先說，無論半導體有多厲害，光憑一個半導體，什麼事都做不了，要與更多半導體與元件連接，才能發揮它應有的效能，而連接方式越多元，就能展現更多功能；除了儲存數據或運算，半導體還能發光、蒐集能源。

這麼說來，這本書也許能帶領讀者，一起探索最新的科學與工程。也就是說，我們將透過最貼近人類生活的技術半導體，來看我們的生活。德國物理學家馬克斯．普朗克（Max

Planck）因發現能量量子，而獲頒一九一八年度諾貝爾物理學獎時，他曾說道：「科學無法掀開自然的無窮神祕，因為我們在探索自然時，同時必須探索屬於自然的我們。」

第1章

半導體，領先一奈米就領先世界

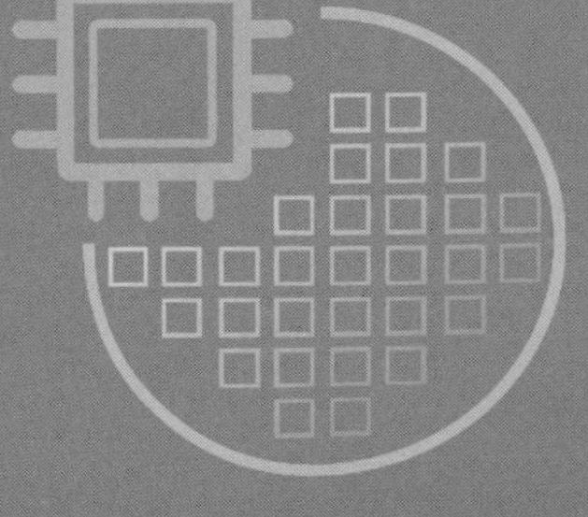

1 把沙子變黃金，晶片創造上兆商機

美國科幻小說家威廉・吉布森（William Gibson）曾說：「未來早已到來，只是尚未平均分布！」

這句話可以解讀為，創新早已出現在我們身邊，只是尚未影響到多數人。舉例來說，三星電子的 Galaxy 智慧型手機或蘋果公司（Apple）的 iPhone 等，這些看似已經非常普及、絕大多數人都在使用的產品，事實上，以二〇二〇年的統計數字來看，全球共販售約二十五億支智慧型手機[1]，其中 iPhone 只占一五％[2]。

也就是說，雖然看似有許多人都享受著智慧型手機這項創新技術，但在全球七十八億人口（按：截至二〇二二年十一月，已突破八十億人）中，使用者也只占三分之一。

不過，我認為，我們可以用不同的方式理解吉布森所說的「只是尚未平均分布」。未來技術雖然還沒普及，但形成未來技術的關鍵因素，已經平均分布了；這樣想想，構成智慧型手機的關鍵，其實已經出現在我們的日常生活中。

當然，每個人對於關鍵因素為何，想法可能都不同，但在我看來，那個因素就是半導體。人類如果看不見或聽不見，都還能活得下去，但若沒有大腦就會死亡，而智慧型手機的大腦就是半導體；或是，更精準的說，是應用處理器（Application Processor，簡稱AP）。智慧型手機如果沒有應用處理器，無論怎樣你都沒辦法幫手機開機，好比人類沒有大腦就無法存活。當然，在智慧型手機內部，除了應用處理器以外，還有各種的半導體，像是動態隨機存取記憶體（Dynamic Random Access Memory，簡稱DRAM）、發光二極體（LED）和感光元件（image sensor）。

這樣說起來，**智慧型手機本身就是半導體的集合**。不過，難道只有智慧型手機如此嗎？現在，我們就一起深入了解，廣泛散布於身邊的半導體如何改變了世界，以及未來又將如何變化。

半導體是由沙子製成的。聽到這句話，你可能會想：「只要出門，不花幾秒就能找到的沙子，居然是製造半導體的材料？」其實正確來說，半導體是由沙子的主要成分「矽」（silicon，化學符號為Si）所製成（也有部分半導體的主要成分並非矽，而是其他材料）。**世界第二大半導體公司英特爾（Intel）宣傳自家生產的半導體時，就曾以沙子變成晶片的畫面來呈現**[3]。

仔細想想，真的有許多高附加價值產品及材料，都用我們身邊常見的物質製造而成，最具代表性的例子是石墨烯（graphene），是世界上最薄且最堅硬的奈米材料。在我讀大學的時候，教科書上就說石墨烯是一種新材料，但到了現在，它還是被稱為新材料。石墨烯之所以不斷受到關注，甚至被譽為「神之材料」，是因為它擁有相當重要的特性。

石墨烯的基本成分，跟筆芯一樣都是碳，唯一的相異點是分子結構。二〇〇四年，英國曼徹斯特大學（The University of Manchester）教授安德烈．蓋姆（Andre Geim），在石墨中萃取出石墨烯[4]。蓋姆與他的研究團隊使用的方法，簡單到令人不可思議：他們僅僅是在石墨粉上貼上膠帶，再撕下來，就大功告成了！這項發現，讓他獲得二〇一〇年的諾貝爾物理學獎。

▲從沙子中提煉出的矽。以元素來說，在地球上占 27.7%，是相當豐富的自然資源。

石墨烯的電子移動率（electron mobility，又稱電子遷移率，金屬或半導體內部電子在電場作用下，移動快慢程度的物理量），比銅好上約一百倍，硬度比鋼高上兩百倍，非常適用於厚度僅為一個碳原子大小的薄平面材料。

若把石墨烯做成球，就能變成富勒烯（fullerene，又稱巴克球，完全由碳組成的中空分子）；若捲起，就能變成奈米碳管（carbon nanotube，簡稱 CNT，碳原子組成的中空管）。我會這麼仔細的解釋石墨烯，是因為目前有許多相關研究正在進行中；這麼優秀的素材，若無法使用在半導體上，就太可惜了。

世上各種優良材料，大多都與我們身邊常見的物質有關，所以我想把吉布森所說的話改成：「創新就在我們身邊，只是我們尚未發現。」今日大部分的半導體公司，都透過日常生活中觸手可及的許多物質，創造出數十兆、甚至數百兆韓元以上的收益。

驅動手機、平板和電腦的，是原子移動

那麼，半導體究竟是什麼？為何能創造出如此龐大的收益？為什麼能在出現不到一百年內就完全改變世界？我大學主修新材料工程，當時就對半導體特別感興趣，過去也常被問「半導體是什麼」，而我會依照對方對半導體的了解程度，來改變我的答案。

首先，如果是完全沒有工程知識的人，我會說半導體是「電流只流經一半區域的材料」；若是有一點工程知識的人，我會說半導體是一種「電子移動率介於導體與絕緣體之間的材料」；最後，如果是主修材料工程或電子工程的人問我，我會說：「半導體是能帶間隙（energy band gap，又稱能隙）狹窄程度適中的材料。」

看完上面的敘述，你可能不太清楚我在說什麼，讓我們先看看最簡單的第一個說明。半導體是電流只流經一半區域的材料，講得精確一點，代表有時候能通電、有時候不通電，所以才會稱為「半」導體。半導體的英文為semiconductor，其中，字首「semi」就有一半的意思；因此，只要把這個單字想成「一半的『導體』（conductor）」就行了。半導體就是以這單純的原理，驅動你的智慧型手機、平板和電腦。

而中難度的解釋是，半導體是一種電子移動率介於導體與絕緣體之間的材料。在通電的導體及不通電的絕緣體正中間，那個材料就是半導體。

這個世界上，幾乎所有的材料都有電阻（超導體〔superconductor〕則是在特定溫度以下，呈現電阻為零的導體），而電阻是一股阻止電流移動的力量。

打個比方，汽車公司不論再怎麼費盡心思研究，仍無法製造出零阻力的輪胎，也正因如此，汽車在地面上行駛時，會受到速度的限制。那麼，在半導體領域，是否也有阻斷電子流動的電阻呢？其實，半導體的電阻取決於材料大小。再用汽車舉個例子，一百輛汽車開在一公里的道路上跟十公里的道路上時，哪條路的塞車狀況會比較嚴重？當然是前者。

在一公里道路上，車輛間距不得不較緊密，所以比較容易擦撞。那如果換個條件，在寬三公尺的單線道，和寬九公尺的三線道上，哪條路的塞車狀況比較嚴重？這次的答案當然也是前者。

在三線道上，能同時有三輛車並排行駛，但單線道上一次只能有一輛車。同理，電流通過又短又窄的導線時，電阻就會很大。

但奇怪的是，假設我們想要測量銅塊的電阻，那銅塊的長度與寬度將決定電阻，但就根本來說，銅這一材料本身也含有電阻，也就是電阻率，而電子移動率與電阻率成反比。以電阻率為基準，材料可區分為通電的導體及不通電的絕緣體，以及位於兩者之間的半導體；固態材料的電子移動率大多較高，具代表性的有金、銀、銅等金屬；相反的，橡膠等材料的電子移動率相當低，而半導體則在這兩者的中間。

至於第三種解釋，提到半導體是一種能隙狹窄程度適中的材料。如果這是你第一次聽到這些術語，你可能會感到害怕，但我會盡可能的用最簡單的方式說明。

基本上，能隙是對半導體最精準的科學描述，但在正式說明之前，我們需要了解何謂原子。二十世紀最優秀的物理學家之一理查．費曼（Richard Feynman），其生前的說明非常精確：「所有物質都由原子組成，這些小粒子會永遠持續運動，當距離過大、快分離時，它們會互相牽引；當因外力壓縮使得距離過近時，則會互相推開。」

正如費曼所述，**這世上所有東西都由原子組成**，而原子是以原子核及原子核周邊圍繞的電子組成。

若想正確理解半導體，就必須大致了解電子的各種性質。原子核由帶有正電荷（電子性質為正）的質子與中性電子的中子組成；電子則帶有負電荷（電子性質為負）。電荷性質相反的原子核與電子會互相牽制，這就是原子的結構（大部分原子的質子與電子數量相同，保持整體電荷平均）。

然而，有些繞著原子核公轉的電子沒有被原子核綁緊，又被稱為「自由電子」，只要從外部施加能量，這些自由電子便會脫離原子核、自由移動。這就是我們常聽到的電流，電子會從能量施加壓力的地方，也就是從電壓低的地方（負極）移動至電壓高的地方（正極），而其高低差異就是電位差。

科學家們從很久以前就開始研究電子的移動，而**我們所使用的各種電子產品，就是控制電子移動的產物。也就是說，重點是控制圍繞在原子核周邊的電子之移動。**

原子距離很遠時，無論施加任何壓力，原子都不會干涉彼此；相反的，若原子距離很近，便會互相影響。若忽略彼此間的影響，持續讓原子貼近，那電子的移動領域就會自然重疊而變寬。如此一來，電子便不會只圍繞原子核轉動，而是能更自由的移動，電子移動的區域稱為「能帶」（energy band），而能帶由價帶（價電帶）及導帶（傳導帶）組成。

此時，若加入電流或光等外部刺激，價電帶上的電子便會爬升至傳導帶上，電子移動率則取決於多少電子能爬升。價電帶上的電子離開後，就會出現電洞（electron hole，一個具有負電荷的電子離開而殘留的洞，因此以帶有正電荷的粒子表示）。

固體材料的電子特性，取決於價電帶及傳導帶兩個組成要素的結構。用常理來思考，傳導帶若比價電帶高上很多，電子當然很難爬上去；跟人類一樣，一座山越高，能爬到山頂的人就越少。電子的世界雖然很微小，但還是能用一般人的常識來理解，等於價電帶與傳導帶的間距（gap）越大，電子越難爬。

固體材料中，金屬導體的能隙非常窄，甚至沒有能隙，代表電子移動相當容易，所以電流也能順暢流動；相反的，橡膠等絕緣體的能隙非常寬，等於電子很難爬升，因此電流較無法流通。那半導體呢？雖然會依據材料不同而改變，但若施加外部刺激，半導體的能隙充分足以讓電子爬上去。

讀到這邊，你可能已經明白這裡所說的「外部刺激」帶有什麼涵義。簡單來說，**若沒有從外部施加刺激，半導體的電子便不會從價電帶爬升至傳導帶上，而在這種情況下，電流不會流通**。但是，若施加了外部刺激，也就是通電或照射光線，電子便能爬升，等於能夠通電！

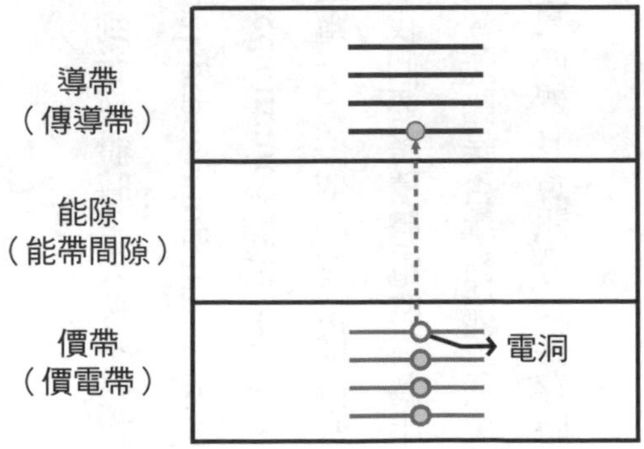

▲ 電子在導體或半導體上移動之原理。

這就是半導體最基本的原理，其角色是擔任「開關」（switch），時而讓電流流通、時而阻止電流。

矽谷被稱為矽谷的原因

目前為止說明的是半導體的物理特性，但在日常生活中，提到半導體時，大多不是指半導體這個材料，而是指電子產品的主要零件，好比CPU（central processing unit，中央處理器）或應用處理器。其實應該要說，那些是積體電路（integrated circuit，簡稱IC）。

積體電路是利用半導體製成的元件，意思就是，最小單位的電子零件依照迴路堆得密密麻麻後，再包裝起來，以免它在執行機能時受到阻礙。那為什麼我們要將積體電路稱為半導體？我認為，這和積體電路的核心功能跟半導體的物理特性有關。無論是否讓電流流通，積體電路都可以處理或儲存資訊，這樣想想，我們將電腦裡的A資訊與B資訊分類儲存時，電腦會如何區分這兩種資訊？

電腦會將電流流通的狀態分成A，無法流通的狀態則是B，而積體電路就這樣發揮半導體的特性。因此，在本書中也不會特別區分半導體及積體電路。

讓我再舉一個更具體的例子。三星與韓國半導體公司SK海力士的主力商品，是韓國最大的出口品項DRAM；當CPU速度很快，但輔助的記憶體很慢時，DRAM就能在中間幫忙提升效率。

首爾大學教授黃哲星說，若CPU是一個大腦，DRAM就像一張桌子，從書架中拿出書之後，能在桌上攤開[5]。假設要參考書架上的書來撰寫一份報告，這時，若要把書架上的書全部打開來看過並背誦，幾乎是不可能的事；相對的，更有效率的做法是把書放在桌上，隨時拿起來閱讀。

此時，**DRAM就是書桌，用來放置打開的書。DRAM會像航道及閘門一樣運作，開啟或關閉閘門時，能讓電子流進航道或從航道中離開，**這麼一來，就會出現先前所述的情況：電流流通等於A資訊、不流通則被儲存為B資訊。

以蘋果的M1處理器（按：一種系統單晶片〔SoC〕，將電腦或其他電子系統整合到單一晶片的積體電路）來說，效能佳的半導體，DRAM上擁有

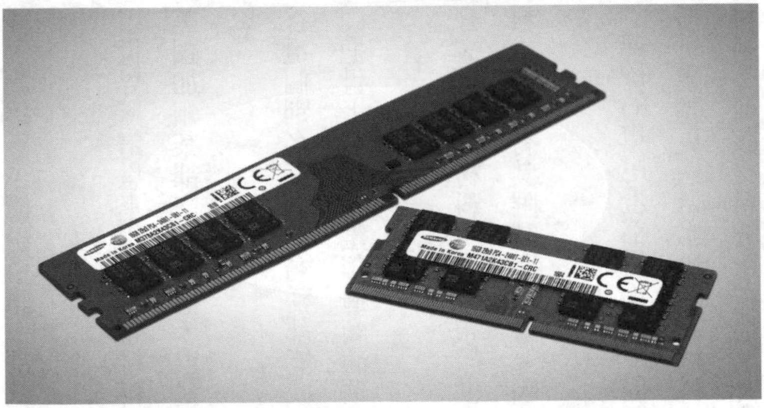

▲ 我們身邊最常見的積體電路 DRAM。記憶體半導體是三星電子的主力商品，也是如今高效能電子產品中的必要項目。

超過數十億個航道。如果DRAM無法處理跟航道數量一樣、高達數十億份資訊，那就不會有今日的電腦或智慧型手機了。

半導體從平凡的矽開始，發展到如今的水準，還改變了世界。這世上應該沒有材料像矽一樣，明明如此平凡、卻又這麼偉大的吧？矽甚至還成為美國加州某都市的名稱，也就是臉書（Facebook）、谷歌（Google）、蘋果等公司齊聚的矽谷。

因為這裡有許多製造半導體（矽）的公司，才會有矽谷這個別名；材料名稱都能成為都市代表名稱了，由此可看出矽的地位。如果比照韓國，等同把世上最大鋼鐵製造商浦項鋼鐵總公司所在的浦項，稱為「鐵谷」。

技術不會停滯，只會持續發展，人們都希望能找到更好、更新的材料。矽遍布於世界各地，價格相當低廉、容易購買，儼然成為半導體的代表材料，但仍有其限制與極限。因此，在二、三十年後，狀況可能改變。

目前，鎵（gallium，化學符號為Ga）因為價格昂貴，連矽的車尾燈都看不到，但是說不定，未來會研發新的處理方法，進而提升效率、降低價格，成為更適合半導體的材料。也就是說，總有一天會出現功能比矽更好、適用範圍更廣的材料，而該材料的所在地，自然會聚集半導體公司，成為第二個矽谷。

讓我們期待新的一匹黑馬出現，超越現在掌握強大優勢、數一數二的半導體公司吧！

半導體，下一個劇本

鉛筆芯也能變成錢

奈米碳管是繼石墨烯後，下一個備受矚目的新材料，以我們常看到的鉛筆筆芯——石墨所製成。將這材料展開成薄薄的平面，再捲成圓筒形就能製成奈米碳管。奈米碳管的硬度比鐵高一百倍，重量是鋁的一半左右，各項效能相當好。此外，最近還發現一項技術，奈米碳管泡在特殊溶液裡也能產生電流，這件事引起許多關注，相信它將是引領能源革命的新材料。

2 半導體基本技術：開關與放大

「彎曲電晶體速度快上一百倍。」6

「以透明墨水印出的高效能電晶體研發成功。」7

「英特爾公開新的電晶體架構 SuperFin。」8

大部分的人看到這樣的報導，只會想：「大概又研發出什麼新東西了吧？」但不會提起太大的興趣。因為，大多數人可能連電晶體（transistor，半導體元件之一）這三個字都沒聽過，而且就算聽過，也不會知道那是什麼東西。

大學讀材料工程或電子工程等領域的學生，也要到大三、大四才會稍微學到電晶體相關知識。其實，如果他們沒有選修相關課程，很可能根本不會接觸到。如果你未來想求職的公司，不是與設計、製造半導體相關的三星電子或 SK 海力士，你也有很高的機率完全不知道什麼是電晶體。連相關科系的學生都如此，不在該領域的人不懂就很合理了。

當然，不知道也不會怎麼樣。好比有人問你「什麼是電池」的時候，只要回答「電池是一種能啟動電子產品的裝置」就夠了。不過也有人想知道更多，進而學習全固態電池、電池電解液等相關知識。學生可能純粹出於好奇，而關注股票等理財資訊的人，則會打聽未來值得投資的標的、蒐集相關資訊。那麼，我們就來看看站在中間位置的電晶體吧！

前面我已經說明了半導體要如何啟動，其重點在於，電子必須從價電帶爬升到傳導帶上，但是只要加電子，就會自然而然發生嗎？答案是可能會，也可能不會。未摻雜不同原子的晶體被稱為本質半導體（intrinsic semiconductor），但現實中幾乎不會使用本質半導體，因為電子移動率太低了；電子移動率太低，代表能爬升到傳導帶上的電子數量很少，移動速度也很慢。

為了解決這個問題，必須透過「摻雜」（doping），也就是摻入雜質的過程。經過此過程後，半導體的電子移動率會提升，這稱為雜質半導體（extrinsic semiconductor）。添加的雜質大多是磷（phosphorus，化學符號為P）或硼（boron，化學符號為B），此時，添加磷的被稱為n型半導體（n-type semiconductor），添加硼的則稱為p型半導體（p-type semiconductor）。

因為矽本身的效能並不好，所以要摻雜其他東西。矽的每個原子核外有四個價電子，如果加入磷，磷有五個價電子，兩者結合起來，就會自然多出一個電子（按：此化學性結合稱為共價鍵，就是結合原子共用電子的現象，此時若要讓結構穩定，就必須交換同樣數量的電子；日常生活中能接觸到的東西，從水到鑽石，大部分物體都是共價鍵的產物）。這個電子能自由移動，因此移動至傳導帶上的電子數會增加，這樣就能提升電子移動率。

那麼，你一定很好奇：「只是多一個電子，怎麼可能讓電流如此順暢？」乍看之下，似乎很合理，但實際上並非只是多一個電子。

假設半導體是由十的十五次方個矽原子組成，那麼，究竟應該放幾個硼原子，也就是摻入多少雜質？一百個？一千個？一萬個？還是十萬個？錯，答案是必須放進十的十二次方個以上。所以，變得自由的電子會增加多少？這種放進雜質、讓電流順暢的方法，稱為「放大」（amplification），這就是雜質半導體的重點。

到現在所說明的開關及放大，是半導體最基本的功能，而能進一步強化並創新的便是電晶體。以電晶體為基礎研發出各種元件後，最終能讓電子產品變得越來越小。在發明電晶體之前都是使用真空管，而現在反倒只能在博物

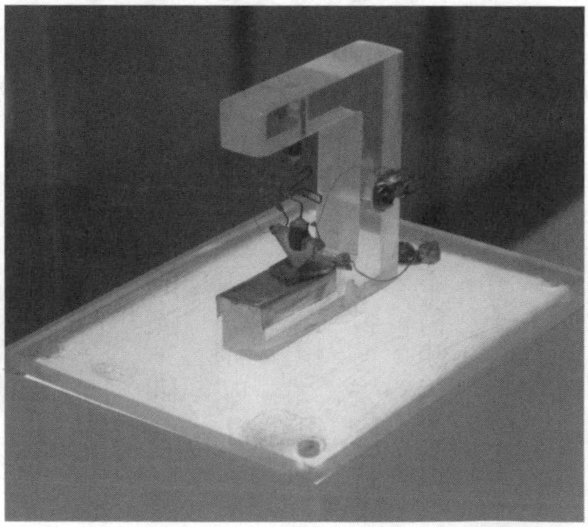

▲ 1947 年問世的第一個電晶體，電晶體強化了放大功能，因此取代真空管，開啟電腦新時代。

館裡看到真空管的蹤影。

真空管是由玻璃製成的，容易碎裂，需要預熱，重點是非常耗電。最初使用真空管的電腦是ENIAC（電子數值積分器及計算機），長二十五公尺、寬一公尺、高二．五公尺、重十噸，一臺的體積就這麼龐大，所以當時只能製作一臺。

但在ENIAC電腦問世後隔年，一九四七年就研發出電晶體，不僅體積遠小於真空管，效率也很卓越，不需要預熱，耗電量也非常低。實際裝有電晶體的第一臺電腦TRADIC，大小只有ENIAC的三百分之一，但效能相當類似。

仿生晶片，比頭髮還精細十萬倍

講到這裡，我想先問一個問題：你覺得**半導體最大的優點是什麼？在我看來，答案是「微縮」**（scaling）。在ENIAC及TRADIC的例子中也提到，半導體如果不變小，那智慧型手機簡直就是天方夜譚，而想讓半導體變小，就需要手藝高超的微縮。

電視上播出半導體製造設備時，都會出現閃閃發亮的圓盤，那叫做晶圓（wafer）。在由矽製成的晶圓上畫出非常精細的圖（迴路）後切割，就會形成元件（畫圖的過程中會加入磷或硼）。當數億個、數十億個元件綁在一起時，就能製造出我們熟知的半導體。

總而言之，若想讓半導體變小，從一開始就要把晶圓上的圖畫得很小，這也是現今半導體公司最重要的話題。我敢斷言，一般人應該無法想像那精細程度與大小。舉例來說，iPhone 13 系列搭載 A15 仿生晶片，A15 仿生晶片是由臺灣最具代表性的半導體公司台積電，利用五奈米製程製造而成，也就是說，圖畫上每一劃的最小線寬是五奈米。

人類一根頭髮的直徑約為五十到一百微米，而一奈米比頭髮還窄上五萬至十萬倍，你能夠想像嗎？**刻在半導體上的圖畫，竟比你的頭髮還要精細十萬倍！**這也是為什麼，也有人將半導體比喻成一幅最精細、最優雅的畫作。

更驚人的部分是，在長寬皆為一公分的 A15 仿生晶片上，約有一百五十億個元件。要畫得多小，才能在這一個半導體上放上這麼多小元件（提升整合度）？前面提到半導體的用處是開關及放大，雖然一個元件的力量非常微小，但若集結一百五十億個元件，開關及放大的效用也能快得驚人。

我想先問一個很基本的問題：為什麼一定要提升開關及放大的效能？為什麼必須提升半導體的整合度？

二〇二〇年十一月，蘋果發表裝在 MacBook 及 iPad 裡的新 CPU「M1」，而 M1 的效能，完全符合蘋果的宣傳口號：「就。很。Pro。」

跟原本的 MacBook 相比，CPU 效能最高提升了二．八倍，圖像處理速度快了五倍；

此外，電池效能也變好，充一次電可使用長至二十小時。只提升了半導體的基本功能開關及放大，CPU、圖像、電池等各種效能便大幅優化，為什麼會這樣？答案很簡單，因為CPU是大腦。正如一句韓國俗話說：「腦筋不好的人，身體就會吃苦。」腦筋好的人，就會找出最有效率的方法，而半導體也一樣，好的半導體能提升產品的整體效能。

那麼，為什麼要提升整合度？大致上有兩個原因：第一、為了提升效能；第二、為了賺更多錢。後面我會再詳細說明，但我想先告訴大家，**半導體越小，效能就越好**。試想一下，有一個人住在離便利商店直線距離三十公尺的地方，假設他一秒可以走三公尺，那他走到便利商店只需要十秒；但若他住的地方與便利商店的直線距離是九公尺，那只要三秒就夠了。半導體也是如此，電子移動速度越快，半導體效能就越好。

簡單說明一下「賺更多錢」這件事。假設有人專門賣披薩，他一天只做一份披薩，無論切得多小片，每片都一定能賣到一千韓元（按：全書韓元兌新臺幣之匯率，皆以臺灣銀行在二〇二二年十月公告之均價〇・〇

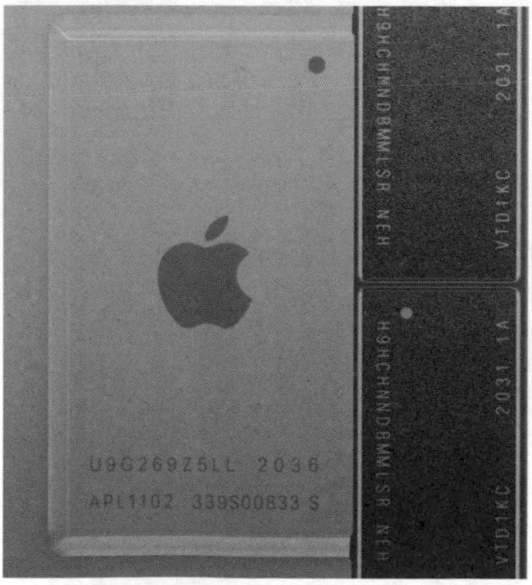

▲ 搭載於蘋果 Mac Mini 裡的 M1。半導體越小，效能越好，而搭載半導體的電子產品亦是如此。

二元為準，約新臺幣二十元），那該如何讓收益最大化？當然就是多切一點。若將一份披薩切成十片，就能賺取一萬韓元；若切成一百片，就能賺取十萬韓元。這就是三星電子或SK海力士等半導體公司在做的事情：在不降低個別售價的同時，讓每一片嚐起來更美味，並且盡可能將一大塊披薩切成最多片，藉此提高收益。

而且，並不是在晶圓上製造成許多元件後，半導體就完成了。

古人說：「玉不琢，不成器。」所以，還必須搭配特定的功能，放上元件、金屬或絕緣體等，我們稱之為「接面」（junction），而其中最具代表性的例子就是pn接面，也就是將前面提過的p型與n型黏在一起（正確來說，不是分別製造後再黏，而是從一開始就黏在一起，再分別摻雜）。

首先，先分別將晶圓兩面各別摻雜硼及磷，如此一來，一邊就是p型，另一邊則是n型。此時，這兩邊便

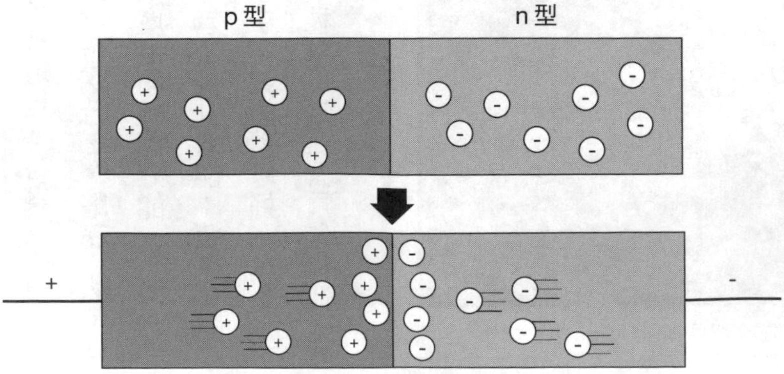

▲ pn接面中所出現的電子移動。

會出現電子濃度差異，電子較多的n型最會出現負電荷，電洞較多的p型則會出現正電荷；這時，若在p型上施加正電壓、在n型上施加負電壓（按：正電壓與負電壓為相對的描述，施加電壓時，電壓較基準值高就是正電壓，電壓較基準值低則是負電壓），各半導體的電洞與電子會推擠，互相靠近後聚集，因而產生能源。

這樣的元件就是「二極體」（diode）。運用二極體最具代表性的半導體，就是能產生光能的發光二極體，即LED。

我曾在YouTube影片中提及相關內容，並拿LED舉例，當時有觀眾問，為什麼我會說電燈泡是半導體，我想現在他應該知道原因了：LED就是半導體！

與LED類似的還有有機發光二極體（OLED），OLED是液晶內的有機元件自行接合而發光的，不像液晶顯示器（LCD）那樣需要背光（backlight，被用於LCD顯示上的照明形式，用途為增加在低光源環境中的

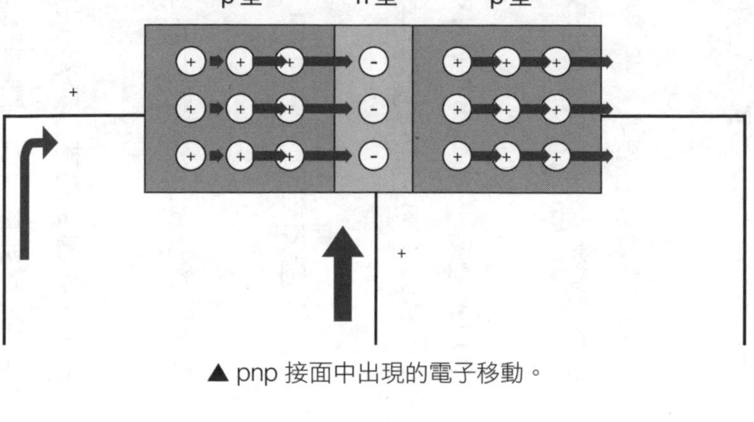

▲ pnp 接面中出現的電子移動。

照明度和電腦顯示器、液晶螢幕上的亮度）。

當二極體產生能源時，以pnp接合或npn接合方式所形成的電晶體，其開關或放大的功能都會被強化。以pnp接面為例，若對最左方的p型施加正電壓（就像二極體所看見），電洞便會向中間的n型移動。

此時，若對n型施加更強的正電壓，那些電洞會再往最右方的p型移動（與那裡的電洞結合），最後就會放大。這就是調整方向與強度的方式。

將這些電晶體集合起來製成的就是邏輯元件「反相器」（inverter，又稱反閘〔NOT gate〕）。

從這個階段開始，便可進行正式的運算。變流器透過電晶體的開關功能，將一變成〇、將〇變成一。在邏輯元件中，除了反閘以外，還有「及閘」（AND gate）及「或閘」（OR gate）。

那麼，可以只用二極體、電晶體、反相器，組成先前提到的蘋果的M1，或是英特爾的Core i、三星電子的Exynos、高通（Qualcomm）驍龍（Snapdragon）等尖端半導體嗎？當然絕對沒辦法，那需要更強大的元件。

然而，驚人的是，此元件由韓國博士姜大元所研發。他所做出的MOSFET（金屬氧化物半導體場效電晶體）改變了歷史。

半導體，下一個劇本

距離獲得諾貝爾物理獎最近的亞洲人

許多人認為，若姜大元未英年早逝，就能獲得諾貝爾物理學獎；現在還有一名韓國研究學者有潛力獲獎，就是奈米粒子領域的全球權威——首爾大學教授玄泰煥。目前為止，在奈米粒子領域中，最重要的課題就是平均調整奈米粒子的大小，而玄泰煥解決了此問題，開啟奈米粒子大量生產之路。

3 有了電晶體，電腦才能開機

英特爾共同創辦人之一的高登・摩爾（Gordon Moore），曾於一九六五年四月表示，未來半導體效能將每十八～二十四個月增加一倍。這又被稱為摩爾定律，並在此之後的數十年間支配半導體產業。然而，進入二十一世紀後，狀況發生驟變，摩爾定律失效，半導體效能面臨物理限制。若要克服這樣的問題，就必須投入龐大的研發經費，但這費用非常龐大，也無法保障一定會成功。

結果，到了二〇一八年，當時全球第二大的晶圓代工廠（按：半導體公司大致分為晶圓代工廠、無廠半導體公司〔fabless〕及兩種皆涵蓋的整合裝置製造商〔IDM〕；晶圓代工廠如台積電，只負責生產、不負責設計；相反的，無廠半導體公司如蘋果，只設計半導體、不負責生產；整合裝置製造商則像是三星或英特爾，涵蓋半導體設計與生產）格羅方德（GlobalFoundries）宣布放棄七奈米製程；二〇二〇年，英特爾將七奈米半導體量產計畫延期至二〇二三年。

但最近，多虧了生產半導體製造裝備的艾司摩爾（ASML）利用極紫外光（EUV），研發出刻畫迴路的曝光設備，半導體公司得益於此，開始走上研發五奈米、三奈米，甚至是兩奈米製程的旅程。這是摩爾定律即將復活的徵兆嗎？

前面我們說明了奈米的大小，簡單來說，半導體就是在比頭髮直徑還小上許多的地方製成。在人類製造的東西中，沒有比半導體更精細的產物了，而MOSFET則是半導體的核心。光是聽到這個令人不明不白的名稱，就足以嚇跑許多非相關科系的人，但你不用擔心，我會慢慢說明。

我們身邊的電子產品，如智慧型手機、電腦等大部分都有半導體，而且這些半導體大多都由MOSFET這個元件組成。也就是說，若沒有MOSFET，就沒有我們現在所擁有的生活。這麼重要的元件，是由姜大元發明。

姜大元於一九三一年在首爾出生，畢業於首爾大學物理學系，在美國俄亥俄州立大學（The Ohio State University）取得博士學位後，便加入貝爾實驗室（Nokia Bell Labs，二十世紀最偉大的實驗室之一，誕生十五位諾貝爾獎得主，研發三萬多件專利）。在他進入貝爾實驗室的第一年，即一九六〇年，他便與研究員馬丁．阿塔拉（Martin Atalla）一起研發出世上第一個MOSFET[9]。

正因如此，一個半導體內才得以放進許多元件，甚至能夠大量生產。簡單來說，如果沒有MOSFET，你今天想開啟辦公室或家裡的桌機，可能需要一座可產生一吉瓦（GW，等同十億瓦）電力的核電廠。這樣的研究成果，可說是偉大到就算獲頒諾貝爾物理學獎也稍嫌不足；不幸的是，姜大元在一九九二年結束學術會議返家路上昏倒並過世，享年六十一歲。

半導體公司德州儀器研究員傑克·基爾比（Jack Kilby）研發出全球第一個積體電路後，在二〇〇〇年獲頒諾貝爾物理學獎時曾說：「姜大元博士研發的MOSFET，對半導體產業發展貢獻甚大，若沒有姜博士的研究，我的研究也不會存在。」美國發明家名人堂（National Inventors Hall of Fame）及計算機歷史博物館（Computer History Museum）亦肯定其功勞，將其列入榮譽名單之中。此外，韓國規模最大的半導體學術會議——韓國半導體學術大會，也將一個獎項命名為「姜大元獎」。

那麼，MOSFET到底是什麼？為什麼人們會如此重視它？其全名「金屬氧化物半導體場效電晶體」，乍看之下感覺很難理解，但事實並非如此，我們只要理解成將金屬、氧化物及半導體黏在一起的電晶體即可。如同前面所述，電晶體是一個能強化開關及放大的元件，而金屬能通電、氧化物無法通電，半導體則只有一半能通電。也就是說，MOSFET則是是連結能通電、不能通電、只有一半能通電之材料的電晶體。而這樣連接起來的原因，則是為了調節電流。

所有材料都有「牆」會干涉電流，但神奇的是，**在半導體的世界裡，能夠透過調整電流**

強度、材料種類、結合方法等，獲得相當於調整牆的高度的效果。正因如此，研究員才會把金屬、氧化物及半導體黏在一起。

舉例來說，在金屬施加陽極電壓時（雖然中間隔了一層氧化物，無法直接接觸），就會形成電場（按：存在於電荷周圍，能傳遞電荷與電荷之間交互作用的物理場），讓半導體上的電子往金屬移動。這些電子若被氧化物擋住，累積下來會形成一種通道，電子就能沿著這條通道流動。雖然有點複雜，但就等於是另一種形式的開關，也可以理解成：為了讓電子在我們需要的時候，流到我們想要的方向，才接上其他材料。

半導體越做越小，面臨物理限制

在我提筆撰寫此章的同時，英特爾宣布他們將延後七奈米製程的量產（按：英特爾於二〇二二年九月公布，相

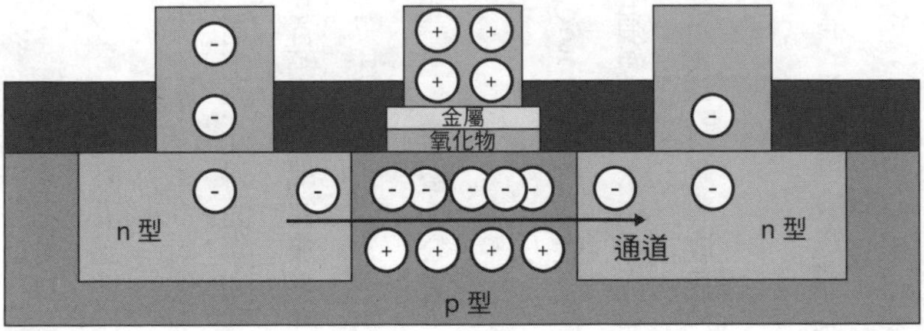

▲ MOSFET 裡的電子移動。若在金屬（gate）上施加正電壓，便會形成電場，p 型電子就會往金屬移動。此時，電子會被氧化物阻擋，累積起來後便形成一條通道（channel），電子便會從第一個 n 型（source，電壓較低處，即左側 n 型半導體）流至第二個 n 型（drain，電壓較高處，即右側 n 型半導體）。

當於一．八奈米製程的Intel 18A測試晶片，二〇二二年底進入試產階段，二〇二五年就會量產）讓我們稍微看一下，這又代表了什麼吧！

在新聞上，我們常看到「三星電子成功進行五奈米製程」、「蘋果設計出使用五奈米製程的應用處理器，由台積電全包」等頭條；前面已經說明了半導體精細化的重要原因，但半導體持續變小後，無論是七奈米還是五奈米，現在的半導體公司都在此時面臨物理限制。

可是，大家卻不考慮這點，從電腦、智慧型手機到汽車等各領域，都要求半導體的效能必須大幅提升。半導體公司絞盡腦汁後，總算找到一個方法：與其縮小面積，不如堆高。這道理就像是，與其在一百坪的土地上蓋兩層樓的房屋，倒不如蓋二十層樓的公寓，才能容納更多人。

而完全契合此方法的元件，就是MOSFET。若要讓MOSFET的效能發揮到最好，電子的移動相當重要。所以，即使只施加一點電壓，電子也必須像噴射水柱一樣強力迸發，而此強度與電子流通的線路長度成反比，與線路寬度、電荷量及電子移動率成正比；換句話說，線路固然要寬，但長度要短、電荷量要多、速度要快。

假設一百公升的水塔接著一條長十公尺、寬一公尺的水管，這樣就會快速流出大量的水。至今，半導體公司都專注於將水管（也就是線路）變得更短，但當這條線路變短，則會產生問題。我再舉另一個例子，假設站在距離牆面十公尺的地方對牆丟球，因為站的地方相當遠，所以能輕鬆接起擊中牆面後回彈的球。但如果一邊維持丟球的力道，一邊走向牆面，這時會怎麼樣？當然會越來越難接到球，因為球如果彈到很遠的地方，就更難及時接到。就像這樣，半導體變得太小後，電子就會開始流出。

所以，專家才轉換思考方向，改為增加水塔容量（增加電子量），這同時也代表增加水管數，因為十條電流線路，肯定比只有一條線路的流速更快。

為了滿足上述條件，MOSFET逐漸增高，結果就研發出鰭式場效電晶體（FinFET）、環繞式閘極電晶體（GAAFET）等新一代元件。像這樣子堆高的立體結構，也有拓寬電流線路的優點。

最後，若能一併提升電子速度，元件效能應該要變得更好，但一般來說，電子速度並不會改變。當然，也不是完全沒有方法，如果**使用砷化鎵（GaAs）或砷化銦（InAs）這類新材料代替矽**，就能讓電子速度增加至原本的六倍，甚至是二十倍。

不過，事情沒有那麼簡單。剛剛提到的方法看似完美，但我們依然使用矽來製造半導體。比起利用立體結構往上堆，現在專家們仍努力縮小其面積，為什麼？最

▲2020年，德國半導體公司英飛凌（Infineon Technologies）推出電動車專用的MOSFET系列。

根本的原因就是價格。**矽的成本相當低廉，砷化鎵或砷化銦則相對昂貴。**

半導體的效能很重要沒錯，可是成本也很重要，這是因為需求很高。因此，半導體公司最優先考量的不是效能也不是設計，而是成本；說得更精準一點，就是必須盡可能的壓低成本，並以高價售出。

像蘋果，他們最自豪的就是其獲利明顯高於三星電子。就像三星電子使用 Android 系統一樣，蘋果使用的是 iOS，但由於這是蘋果自行研發的系統，所以不用支付權利金；當然，除此之外還有許多其他差異，我認為其中最重要的是他們的價格政策。

蘋果在二〇二〇年十二月公開高效能耳機 AirPods Max，其中充電線價格便高達兩萬五千韓元（按：約新臺幣五百元）。但實際成本能高到哪去？可是，蘋果還是將價格訂得那麼高，客戶也願意買單。當然，公司用最低廉的價錢製造商品，並盡量用最為昂貴的價錢賣出，是理所當然的事。

半導體產業也是如此，**最近半導體公司最關心的是，哪家公司能夠先從五奈米以下製程縮小至三奈米和兩奈米製程**，競爭相當激烈。研發經費足足花上數十兆韓元。但就如同先前所述，半導體效能已經面臨物理極限，就算縮減大小，又能減多少？縮得那麼小之後，還能期待效能提升多少？結果，最現實也最重要的還是錢。

但是，難道我們就必須滿足於現在的半導體效能嗎？雖然這樣回答聽起來有點不負責任，但如果有人這樣問，我想用電影《星際效應》（*Interstellar*）中的經典臺詞回覆：「我們會找到解答的，我們一直以來都是這樣。」現在，還是有許多研究員與學者，正努力突破物理極限。

測量半導體效能的單位中，有一個單位名為次臨界擺幅（subthreshold swing，簡稱SS），我不會詳細解釋何謂次臨界擺幅，我們只要知道，當次臨界擺幅的數值越小，半導體的效能就越好。當然，這其中也存在著物理界限，就像無論人類多麼努力，原地跳高最高也跳不過三公尺一樣。

但為了解決這樣的問題，科學家正在嘗試各種異想天開的方法。其中，穿隧型場效電晶體（Tunnel Field Effect Transistor，簡稱 TFET）是代表性的案例之一，在後面我會再更詳細的介紹，但簡單來說，這個元件利用量子力學的穿隧效應（tunnel effect），讓電子穿透材料的牆，成功讓次臨界擺幅數值降至物理界限以下。

就像這樣，即使緩慢，我們終究會解決問題。在希臘神話中，伊卡洛斯（Icarus）飛得太靠近太陽，結果翅膀融化、墜落而死，而我們現在則正準備飛過名為物理界限的太陽。過去一百年間，科技發展快速，比原來所預期的更早面臨界限，不過，我們也因此擁有堅固的羽翼——那就是，對進步的熱情與驚人的科學技術。

台積電和三星，也得聽這間公司的話

現在，有哪些企業左右著半導體市場？是三星電子，還是台積電？兩個答案都沒錯，但也不能說是正確答案，因為，還有一間半導體公司讓這兩者不敢輕舉妄動——ASML，也就是艾司摩爾。ASML專門製造利用EUV，也就是極紫外光來畫出半導體迴路的設備。若沒有ASML的曝光設備，五奈米以下製程根本不可能成真。這也是為什麼，帶領半導體極小化的三星電子及台積電，都為了採購ASML的曝光設備而殺紅了眼。

（按：於二〇二二年十一月，艾司摩爾宣布在韓、臺的最大投資案，預告明年即將動土的投資案，將是公司有史以來在臺灣最大的投資金額；有國際媒體報導，此舉為因應美中的晶片戰，把投資重心移到臺、韓兩國。）

4 避免自動駕駛出人命，封裝製程是重點

現在，我們了解了半導體的主要功能及元件。那麼，半導體究竟必須歷經哪些過程才能製成？雖然每家半導體公司可能會有點不同，但基本八大製程是：「晶圓→氧化→微影→蝕刻→薄膜→金屬配線→離子佈植（Ion implantation，離子為帶有某種電荷的原子，若在元件中加入離子，電洞或電子會變多，使電荷量達到最大）→封裝」。然而，半導體並非經過這八個過程就能完成，而是必須重複數十次到數百次。

細看這八大製程之前，我們要先記住，製造半導體就像在製造雕像。為了製造雕像，需要一大塊四方形的大理石（晶圓製程），然後為了以特定材質修飾，要在大理石表面上一層塗料（氧化製程）。準備好之後，只要用雕刻刀與槌子（氟化氫）刻出我們想要的形狀即可，但過程中可能會不小心刻錯，因此必須先用尺等工具（光罩）輔助、劃上線條（微影製程），接下來，沿著這些線條正式切割大理石（蝕刻製程）。

完成上述作業後，還少了一個重要元素：該怎麼讓這雕像閃閃發光？幾經思考後，決定

在雕像上配置可通電的薄膜與金屬配線（薄膜製程及金屬配線製程）。接著，再將離子放進這塊大理石裡（離子佈植製程），好讓電流順暢，最後再做些處理，以免雕像碎裂，並製造能從外面供給電力的插頭，接上電線（封裝製程）。

上述是八大製程的簡略解說。根據半導體公司不同，製程順序可能會有所改變，也會重複進行。順帶一提，韓國半導體公司可說是很有實力的雕刻家，能刻出既優質又美麗的雕像，日本或德國則擅長製造雕刻所需的各種工具，每個國家都有自己專精的領域。

在正式說明之前，我想先提出一個問題：在半導體產業裡，最重要的是什麼？前面曾經提過成本，但再延伸下去，許多學者認為價值（value）才最重要。那麼，價值指的是什麼？從世界上任何地方都有的沙子裡萃取出矽，將其製造成可賺取數兆韓元的半導體，這就是價值；在一個晶圓上以比頭髮小一萬倍以上的細微顆粒畫出迴路，製作出數萬個半導體，這也是價值。簡單來說，就是用最低的費用獲取最高的價值。

同理，封裝製程也在提升半導體的價值，因為半導體的大小面臨了物理界限。過往的封裝製程，真的只是透過包裝來保護半導體，頂多就是連接電流流通的管線。但最近的封裝製程，已經遠遠超越原本的封裝水準。

我們常用滯後（lag）來描述電子訊號延遲現象，這多半會發生在半導體與半導體之間，或是半導體與 IC 基板接合處，而跟接合相關的便是封裝製程。因此，若改善封裝製

程，電子訊號就能變得更穩定、傳遞速度更快。也就是說，第四次工業革命時代，需要一把能夠快速傳遞數量龐大數據的鑰匙，而這把鑰匙，就在封裝製程手中。

以最近最受矚目的未來技術——自動駕駛汽車為例，相關技術發展速度相當快速，韓國 Kia（按：中譯名為起亞）K5 或現代汽車的 Sonata 等韓國流行車款已經啟用半自動駕駛功能。以美國特斯拉（Tesla）為首，德國的賓士（Mercedes-Benz）、ＢＭＷ、奧迪（Audi），一直到現代汽車及 Kia 的成果都相當顯著。

然而，若**想研發出完美的自動駕駛汽車，就必須改善電子訊號傳遞能力，絕對不可以發生滯後狀況**，畢竟這可是攸關人命。假設在封裝製程中出現問題，導致半導體之間或與基板的接合處毀損，使原本該在〇．〇一秒傳遞的電流訊號延遲一秒，那在那短暫的瞬間就可能發生車禍，造成車內乘客死亡。所以，我們必須讓電流訊號更穩定、更快速的傳遞。

能夠實現這需求的核心技術就是封裝製程，假如說**過去的封裝是中世紀的鋼鐵盔甲，那現在的封裝技術，就像是鋼鐵人的動力服**。

為了提升接合處的可靠性及電子訊號傳遞速度，在封裝製程使用的方法是矽穿孔（through-silicon via，簡稱ＴＳＶ）。後面我會更仔細的探討此主題，在此只先簡略說明。

矽穿孔是以雷射等方式，在堆疊得很高的立體結構半導體上穿孔，再用電子移動率極佳的銅等材料填滿，並與基板連接。過去，打線（wire bonding）就是字面上的意思，利用電線連接半導體與基板。

但**線路越長，電子訊號傳遞速度越容易延遲**，不僅會有所干涉，可連接的個數也會受限，甚至會因此而纏繞在一起，這就像是沿著彎彎曲曲的登山步道爬上山頂一樣複雜。TSV則相反，它就像是一部垂直連接山腳的登山口與山頂的電梯。也就是說，隨著封裝製程進步，就能使效能極大化。

當然，沒有任何一家半導體公司會滿足於這樣的現況。那麼，半導體公司的下一個目標會是什麼？答案非常簡單，就是「**整合所有東西**」。從記憶體半導體到CPU，若能將所有半導體整合成一個，電子訊號延遲的問題就會完全消失。而這種半導體就是SoC，也就是系統單晶片。

當然，在商用化的SoC出現之前，耗費了超乎想像的研發費用與時間。因此，最近備受矚目的替代方案出現了，也就是系統單封裝（SiP）。若

▲ 用電線連接基板與半導體；半導體結構越趨複雜，線路配置也越交錯複雜。

SoC 是想將所有系統整合在一個半導體上，那 SiP 就是想要在一個封裝製程上整合所有系統。

SiP 的誕生出自價格需求，因為 SiP 的研發費用比 SoC 更少，良率（按：廠商實際產出的產品中扣除不良品後良品所占的比例）也很好。此外，許多現在主修半導體的大學以上程度學生，都努力鑽研 SiP，所以人力上也較為充裕。

二十世紀的物理巨人愛因斯坦，想要用一個方程式說明所有力學，付出一生的努力，最後卻沒能成功便離世。愛因斯坦深信宇宙原理單純且美麗，今天許多半導體公司與研究機構也深信半導體將會走上整合之路。我們面臨物理界限的速度過早，因此對於整合的熱情與渴望就更大。在半導體成功整合之日，我們可能會如比爾．蓋茲（Bill Gates）所預言：「我們將屈膝於矽的拳頭之下，向二進制之神乞求慈悲。」

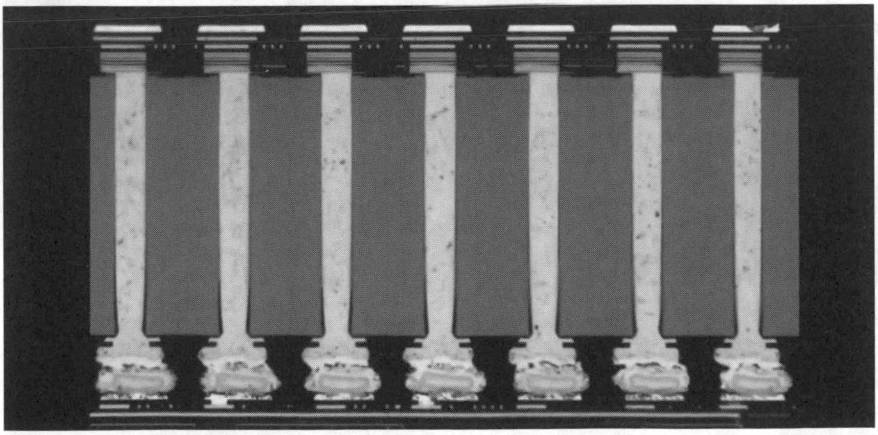

▲ 利用 TSV 方式封裝的半導體切面。以垂直方式穿孔後填補銅，直接連接基板，使效能達到最大。

半導體，下一個劇本

做工精巧，不只是晶片產業的標準

實際上，不只是半導體在追求「精巧度」，這也是大部分科學技術領域所追尋的目標。最近生物學領域瘋狂追求的精巧度，開啟了調節液體流動的研究；他們用3D列印，製作出有毛細血管的精密結構，成功讓液體在不受重力的影響之下流動。這項技術日後可活用在新冠肺炎篩劑、人工器官、太空設備等領域，正如研究團隊所說，這是公認能突破界限的研究。

小故事 1

最能創造附加價值的，是系統半導體

經營 YouTube 頻道的時候，我都會盡量閱讀所有留言，也會回覆特別重要的提問。雖然現在訂閱人數已經超過五十萬人，實在無法和每一位觀眾交流，但我還是會努力與他們互動。不知道是不是因為這樣，在我頻道上的留言比例，普遍比其他頻道還多。但是我發現，上傳技術相關影片後，就很常看到這類型的留言：「有沒有推薦的股票？」、「所以未來前景如何？」

老實說，這類問題讓我非常困擾，因為我也不知道答案，而且我敢說，連韓國最優秀的學術專家也不知道。這些學者們只在研究室裡研究、寫論文，就算他們對自己關注的技術瞭若指掌，也不會知道這些技術在經濟、政治層面上有什麼意義。

若想洞見未來發展，就必須了解技術、經濟、政治等所有領域；但其實就算知道了，大部分也還是會猜錯。我們所生活的世界如此複雜，真的很難要求他人預言未來發展。簡單來說，我希望你能記住，專家的主觀意見非常容易出錯。

所以，我都會在頻道上提醒觀眾，不要太輕易相信專家。舉個例子來說，智慧型手機首次出現時，許多專家都認為它不會贏過功能型手機（按：除了打電話，能夠拍照、播放自己的音檔、上網或使用地圖功能的行動電話）。當初三星及LG兩大企業，尤其是LG，有好一段時間都將研發重心放在功能型手機上。

當時幾乎沒有專家認為蘋果能在手機領域上超越諾基亞（Nokia）。但是後來諾基亞衰退，蘋果的iPhone則穩坐智慧型手機的王座。

讓我們再把時間倒轉至一九八三年，三星電子宣布將開始製造記憶體半導體。當時，不只是專家，連政府都對三星的決定感到不解；國內外媒體也都忙著嘲笑三星電子，尤其是日本媒體，還刊登了許多「韓國無法研發半導體的五項原因」等報導。

他們認為，韓國是剛開始成長的開發中國家，卻有一間公司想闖進需要高度技術的半導體產業，跟自殺沒兩

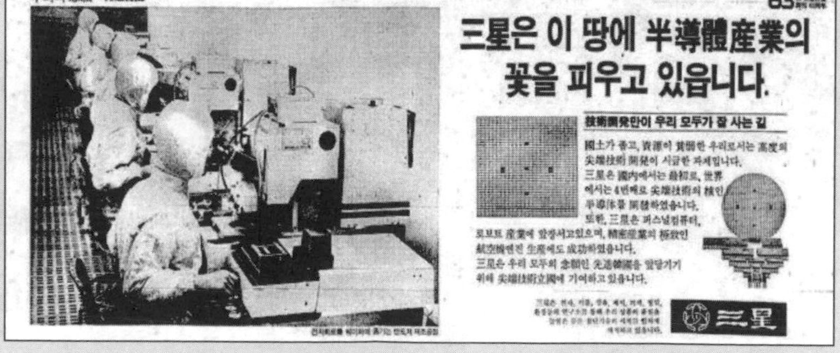

▲ 1983 年，三星宣布將研發記憶體半導體時，登載在報紙上的廣告；當時，幾乎沒有人相信三星會成功。

樣，但最後的結果完全超出眾人的預期。

類似的事例真的多到數不完，所以我總是說：「請不要相信我。」我不是半導體公司的員工，也不是權威學者，而且就算是學者，他們在預測未來時也常常失準。錄製要上傳至YouTube的影片時，我都會先詢問擁有博士以上學位的專家，但每當我詢問他們關於專精領域的前景時，他們都一致表示：「在銀行或證券公司上班的人應該比我還清楚。」甚至還常反問我。

正因如此，若有人對半導體提出見解，請不要照單全收，而是運用批判性思考。想好好進行批判性思考，必須先了解現況，那麼，今天韓國半導體產業的位置大概在哪裡？二〇二一年第三季，三星電子半導體部門的利潤達到十兆韓元。新冠疫情使居家辦公及遠端教學等線上作業增加，伺服器的需求也隨之上升，三星電子因而創下歷史性新高紀錄。我們甚至可以說，半導體產業肩負著韓國經濟的未來，但仔細分析韓國與周邊國家的競爭狀況，問題就會變得複雜許多，尤其許多人都在防備中國。

IBK（韓國中小企業銀行）經濟研究院報告[10]與成均館大學金榮碩教授訪談中[11]提到，韓國與中國的記憶體半導體技術，最少差三年至五年，這表示韓國的記憶體半導體技術比中國優秀。

但在半導體領域中，不是只有記憶體半導體。半導體可大致分為儲存數據的記憶體半導體，和處理及運算數據的系統半導體。前者是RAM之類的，後者則是CPU及應用處理器之類的。財經專業媒體彭博（Bloomberg）及資訊通訊顧問公司顧能（Gartner），曾於市場調查機構集邦科技（TrendForce）上發表報告；綜合內容來看，二〇一九年，半導體市場中有二六．七％為記憶體半導體，七三．三％則是系統半導體。此外，三星電子與SK海力士在記憶體半導體中的市占率合計七三％；在系統半導體市場中，三星電子的市占率僅為四％[12]。

從這點來看，韓國只能算是「半個」半導體強國。韓國在記憶體半導體領域是世界第一，這點不容質疑，但在系統半導體市場上，韓國的存在感卻微乎其微。記憶體半導體的設計並不複雜，因為只是要儲存，所以結構單純且具重複性。就好比說，書架就是用來放書的，難道有必要把書架設計得很複雜嗎？只要能調整大小，讓書架可以更有效的放更多的書就行了；相反的，系統半導體的目的在於運算，所以結構相當複雜，還需要不同的靈感。

當然，韓國製造的半導體品質相當優良。前面提到，在晶圓上畫出更精細的迴路，就能創造出更多元件；而能在一塊半導體上放更多元件，效能當然越好。三星電子自二〇二〇年起開始量產五奈米製程半導體，預計從二〇二二年及二〇二五年，分別開始量產三奈米及兩奈米製程半導體。

順帶一提，針對兩奈米製程提出具體量產計畫的半導體公司，只有三星電子及英特爾

（按：由於英特爾在導入七奈米製程時遭遇困難，因此，即使英特爾公司計畫於二〇二五年起開始量產兩奈米製程半導體，大多數人仍認為良率不會太好；台積電亦預計於二〇二五年量產），而中國目前則連二十奈米製程半導體都無法正式開始大量生產（按：於二〇二二年九月，上海市政府宣布十四奈米實現量產）。

重點是，若想畫出更精細的迴路，就需要使用EUV曝光設備，而目前一臺曝光設備要價約兩千億韓元。若不是大企業，這是根本不敢想像的天價。有專家認為，這正是三星電子及SK海力士能以優秀的製程能力及價格競爭力，穩坐龍頭的原因。

開啟千人計畫、挖角人才的中國

不過，難道我們可以小看中國嗎？我認為不行，因為中國的發展勢不可當。二〇一九年九月，中國代表性的記憶體半導體公司長江儲存，成功量產堆疊六十四層的立體快閃記憶體（NAND Flash，快閃記憶體〔Flash Memory〕是一種刪除數據後，可再次記錄數據的記憶體半導體；其中，NAND Flash即使沒有電流經過，依然可記憶數據，USB便是最具表性的例子）。

此外，二〇一八年，中國自國外進口價值約三百七十八兆韓元的半導體[13]。三百七十八兆韓元，大約是韓國二〇二一年整年預算（五百五十五兆元）的六八%。換句話說，中國的半導體技術日趨成熟，若之後不再從國外進口，對韓國來說，等同損失一個非常龐大的市場。

此外，中國相當擅長投資大規模設備，擁有「給錢就對了」的威力。現在，中國也不斷投入天文數字般的費用，不斷買進昂貴設備、挖角人才。

關於挖角人才，中國將此命名為「千人計畫」，主要目的是將國外優秀人才吸引至中國，竊取各種技術與資訊。其實，千人計畫已策畫將近十年。一九五三年起，中國共產黨及高階公務員每年都會在北戴河上（按：位於中國河北省）聚集一次，深度研議國家經營政策。二〇〇一年起，中國政府聘請科學技術專家，一起在同個地方進行會議。

但自二〇一〇年起，中國政府又開始舉辦不同性質的會議。當時聚集在北戴河的七十位科學技術專家中，

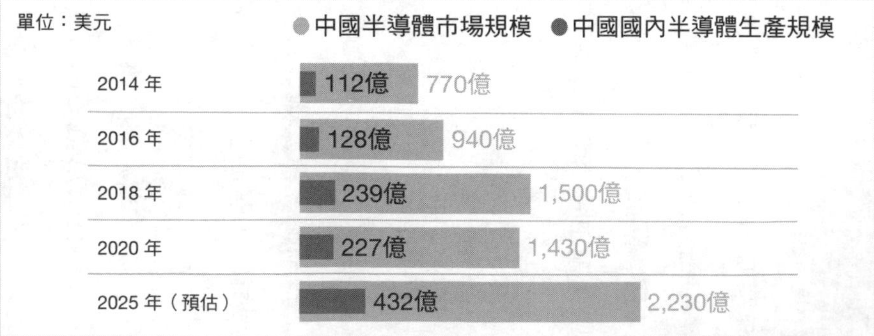

▲ 中國半導體市場及自給自足率。在全世界的制裁下，中國使出全力提高半導體自給自足率。

資料來源：IC Insights、韓國對外經濟政策研究院。

也包含韓國人；中國相當禮遇這些人，將他們視為貴賓，為他們進行交通管制，還提供專業醫療團隊及隨身保鑣。同年七月二十八日，在七十名專家聚集的晚宴上，中國政府宣布千人計畫，並說這將引領中國科學技術發展。中國提供這些專家每人十五萬美元的安置費用，還承諾將提供住宅、醫療及教育等共十二項優惠。

此外，如果是在國外留學期間決定回到中國的人，每人將得到八十萬美元的補助；截至目前為止，搭上中國班機的人達到六千人以上。

三星電子前總裁張元基在三星電子工作三十六年，於二〇一七年離職，實際上，他曾在二〇二〇年六月擔任中國某半導體公司的副主席，後來在輿論壓力之下離職。在相同時期，韓國科學技術院（KAIST）某位研究自動駕駛汽車核心技術的教授，被發現洩漏資料給中國某間大學，在二〇二一年八月被法院宣判有期徒刑。

美國也未能倖免於中國金錢的淫威，奈米技術研究先驅哈佛大學教授查爾斯・利伯（Charles Lieber），涉嫌於二〇二〇年在中國收受數百萬美元賄賂，遭檢方起訴。根據報導指出，利伯在武漢科技大學的數年間，每月收取五萬美元，還有十五萬美元的生活費。中國動員所有資源，賄賂眾多研究學者，這是不可抹滅的事實。

於二〇一八年，中國決定在二〇二五年之前，投資一百七十兆韓元在半導體產業上，有分析指出，這讓中國與韓國的記憶體半導體技術差距縮短到一年[14]。實際上，中國成功量產了六十四層堆疊的立體 NAND 快閃記憶體，而韓國 SK 海力士在開始製造全球第一個一百二十八層 4D 的 NAND 快閃記憶體後，也立刻計畫量產。

研究學者表示，韓國與中國的技術差距依然很大，但不可否認的是，中國正不擇手段的努力跟上韓國。

重要的是，中國的研究成就是世界第一。資料庫自然指數（Nature Index）會記錄並整理發表在期刊《自然》（*Nature*）上的優秀研究成果，結果顯示，二〇二〇論文篇數第一名的國家是美國，第二則是中國。中國發表的論文篇數大約是韓國的七倍，中國人口龐大，當然就會發表很多論文，但人口就等於國家競爭力，而且中國的論文水準也相當高。

一般來說，若向學術期刊提交論文，數名審閱者會評估論文內容的妥當性、獨創性及價值，再決定是否收錄。越具權威性的學術期刊，審閱過程越嚴格，尤其，對理工領域的研究學者而言，能登上《自然》、《科學》（*Science*）及《細胞》（*Cell*）期刊，也就是所謂的 NSC（按：取三本期刊的首個英文字母），可說是畢生夢想。連教授、大企業或國家研究機關的研究人員，都無法輕鬆跨過 NSC 的高門檻。

然而，在二〇二〇年一整年，中國在《自然》上刊登了一百九十篇論文，韓國則只有四十三篇；在《科學》上，中國通過了一百三十四篇，韓國只有十九篇；於《細胞》上，中國有六十七篇，韓國則僅有八篇。尤其，中國論文被引用的次數足足是韓國的十一倍。

三星落後高通，改鑽研車用半導體

前面說明了記憶體半導體與系統半導體的技術差異與市場現況，雖然兩者都相當重要，但更能創造高附加價值的還是系統半導體。連我也知道這點了，難道韓國企業龍頭三星會不知道嗎？三星表示，到二〇三〇年之前，將投資一百三十三兆韓元在系統半導體領域上，並決定聘用一萬五千位專業人才。

現在上網比較記憶體半導體DRAM與系統半導體CPU的價格，也能知道三星電子大膽投資的原因。三星電子推出十六GB的DRAM，價格頂多七萬韓元，但CPU不一樣，以半導體公司超微半導體（Advanced Micro Devices）為例，從三十六萬韓元的Ryzen 7 3700X到五百一十萬韓元的Ryzen Threadripper 3990X，價格區間很大，且貴上許多。直觀來看，就可以理解為什麼應該要投資系統半導體。此外，只要先精進系統半導體技術，就不用太擔心被他人迎頭趕上。目前我們正在使用的5G通訊、逐漸嶄露頭角的無人駕駛汽車及物聯網（Internet of Things，簡稱IoT）等，核心都是系統半導體。也就是說，若想成為半導體強國，就必須掌握系統半導體。

實際上，三星投入許多資金研究5G通訊，在5G通訊模組專用的半導體市占率上，相較於高通較為落後。根據市場調查機關Strategy Analytics的資料顯示，高通與三星電子的市占率分別是八七·九%及七·五%。不過令人期待的是，到了二〇二三年，高通與三星電子的市占率將會變成四六·一%及二〇·四%。

這是因為，三星電子比高通更積極投資車用半導體。車用半導體與裝在電腦裡的CPU或智慧型手機裡的應用處理器不同，必須抵抗極為嚴酷的條件，不僅要承受盛夏超過三十度的高溫、冬天降到零度以下的低溫，還會直接暴露在雪、雨、霧霾灰塵等環境中。

三星電子研究車用半導體許久，累積了相當具有參考價值的大量數據，他們利用這些數據，以銀或銅等材料代替一般用來接合的錫基板材料，致力於研究如何讓電子訊號更快速、更穩定的傳遞。

有未來前景的產業中，沒有一個領域不使用半導體。第四次工業革命的核心技術：無人運輸、3D列印、機器人、物聯網……核心都是半導體。

目前為止，我們大致了解了半導體產業的趨勢，但老實說，我連這個月頻道成長趨勢都無法預測了，怎麼能預言半導體產業的未來？所以，千萬不要輕易相信別人提出的未來展望，要以批判的角度思考。

韓國半導體神話的活證人、曾任三星電子綜合技術院會長的權五鉉曾說：「能預測十年後未來的可能性趨近於零，十年前我所預測的半導體產業未來跟現況截然不同，也就是說，十年前的我預測錯了。」[15]

小故事2

無人車想商業化，5G是必備條件

二〇二一年一月，三星電子股價攀升至歷史新高，為九萬六千八百韓元（雖然之後大幅調降至每股六萬韓元左右，並一直在此區間徘徊）。我身邊許多朋友都因三星的股票賺了不少錢，說獲利比銀行利率還要高。雖然三星電子的股價之後持續下跌，但我敢斷言，三星電子在韓國人心中的意義，絕對超乎任何人的想像。

現在還是有許多人認為，三星電子一旦垮臺，整個韓國就垮了。說來好笑，散戶間曾流傳一句話：「就算國家倒了，三星電子也不會倒。」他們會對這間公司這麼有信心，正是因為三星出產半導體。

我對股市沒有什麼獨到見解，但**就技術面判斷，半導體產業未來只會更加蓬勃的發展**。當然，半導體產業前景光明，不代表三星的前景就值得看好。現在，三星是國際頂尖企業，擁有全球最新的技術，是韓國最優秀的企業，但還是有幾個弱點。

一提到三星電子，大部分的人都會想到Galaxy系列手機，因為我們在生活中非常容易接觸到智慧型手機，而且三星電子也投入龐大人力及資源積極宣傳。但若三星電子只有Galaxy，還能成為今日代表韓國的企業嗎？我認為答案絕對是否定的。撐起三星電子的棟梁，仍是半導體，**雖然三星這個品牌是因為 Galaxy 手機才變得有名，但三星的核心仍是半導體。也有人會說，半導體產業正逐漸沒落，但我怎麼想都覺得根本沒那回事。**

二〇二〇年，韓國散戶的整體投資額為六十四兆韓元，其中四分之一進了三星的口袋裡；同年，三星電子的股價暴漲四五％，三星電子也向所有投資人報恩。若以市值來看，二〇一九年普通股及優先股（按：又稱特別股，同時具有債務工具和權益工具的特徵）總計約三百七十兆韓元；二〇二〇年，金額遽增一百七十三兆韓元[16]。這一百七十三兆韓元當中，拿了三十九兆韓元回饋給兩百三十多萬名散戶，等於每人獲得股利約一千七百萬韓元[17]。

但這不代表三星未來肯定一片光明。現在就來聊聊三星電子的弱點吧！三星電子是記憶體半導體領域的強者，但如同前面所提到，更能夠創造高附加價值的領域是系統半導體。為了壓制其他半導體公司，三星電子也必須在系統半導體領域獲得顯著的成果，而三星當然也知道這件事。

正因如此，三星電子才決定在二〇三〇年之前，投資一百三十三兆韓元的巨額，加強他們在系統半導體領域上的競爭力。從自動駕駛汽車、5G 通訊到物聯網，第四次工業革命再次預告了半導體的超循環（super cycle），而系統半導體就在那一切的中心。

既然剛好提到，那我們也大略談一下5G通訊吧！二〇二〇年，研發5G通訊模組專用半導體的公司只有三星電子、高通及華為。但華為受到美國的制裁，公司狀況不佳，最後只剩下三星電子及高通互相競爭。就連高傲的蘋果，也無力自行生產，只能向高通低頭。但總的來說，在這個市場中，三星電子依然落後高通許多。

雖然有些人認為現在5G不順、沒什麼用處，但事實絕非如此。當然，電信公司在速度方面欺瞞用戶，被批評也是應該的，但我們如果因而認為「4G就夠了」，那等於缺乏遠見。5G通不只能用在智慧型手機上，在不久的未來，**5G通訊將被大量使用在逐漸嶄露頭角的全自動駕駛汽車上。**

首先，我想先問：特斯拉的自動駕駛汽車為什麼會這麼受歡迎？原因可能有很多個，像是

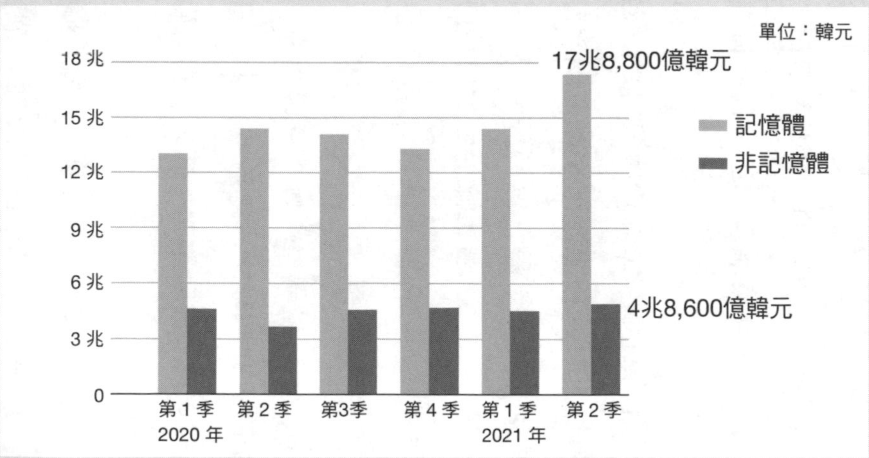

▲ 三星電子半導體銷售現況，系統半導體銷量不到記憶體半導體的 3 分之 1。
資料來源：三星電子。

執行長伊隆·馬斯克（Elon Musk）本身很會製造話題、特斯拉的自動駕駛汽車的效能遠勝於其他公司、特斯拉的獨特美感等，但我認為，主要原因是令多數用戶相當滿意的自動駕駛系統。

老實說，特斯拉的自動駕駛系統並不完美，僅達到國際汽車工程師協會（Society of Automotive Engineers International）制定的第二階段（按：分成輔助駕駛的第一階段到可完全自動駕駛的第五階段，其中，第二階段是能夠部分實現自動駕駛、維持車道、維持速度、維持與前車間距等）。

然而，在市場調查機關J.D. Power進行的商品評估中，特斯拉打敗保時捷（Porsche）、站上第一名，代表用戶對特斯拉的自動駕駛汽車相當滿意。

目前已商業化的自動駕駛系統所面臨的難題之一，是應變速度。目前的4G通訊延遲時間約為〇·〇三秒至〇·〇五秒，在高速行駛的情況下，若突然出現障礙物，車子必須立即閃避，但〇·〇三秒至〇·〇五秒太長了。然而，若使用5G通訊，便可縮減至〇·〇〇一秒，有充分的時間能躲開。

總而言之，**在自動駕駛汽車上，5G通訊不是一個選項，而是必要條件**，所以這確實是一個有潛力的市場。目前這市場由高通公司掌控，若三星想在短期內逆轉，並不容易。

選擇「含有腳踏車的照片」，人人都是谷歌的無薪員工

剛剛提到，三星電子的缺點是偏重記憶體半導體，以及在 5G 通訊市場中仍是弱勢，下一個弱點就是「軟體」。

有一段時間，我的興趣是蒐集限量版球鞋，但限量版球鞋都得用搶的。歐美釋出的限量版球鞋數量當然比韓國更多，因此許多人都會上外國官網購買；然而，進入網站時，有一個所有鞋迷都害怕的東西，就是 reCAPTCHA。reCAPTCHA 是一種驗證程式，會提供怪異又歪斜的文字，要求用戶輸入，或是要你在好幾張照片中選擇「含有腳踏車的照片」。

為了比別人更快按到購買鍵，許多人會使用巨集程式（macro program，向電腦發出的可產生一系列指令的一個指令，使電腦完成某一項工作），但 reCAPTCHA 藉由要求人力積極介入來阻止這種行為。研發出 reCAPTCHA 的谷歌表示：「對人而言很簡單，對機器來說卻很困難。」我同意谷歌的目的和

道路標示牌
請選擇所有包含標示牌的方塊，
若完全沒有可選跳過。
驗證

▲ reCAPTCHA。挑選著含有道路標示牌的照片時，你就是谷歌的非正式員工。

方法，但身為消費者，還是覺得很麻煩。

其實，利用這個驗證程式系統，谷歌還提升了人工智慧（AI）的能力；當世界各地的使用者傻傻輸入reCAPTCHA時，谷歌則獲得龐大的數據。AI在自動學習、培養能力時，必須提供許多數據，數據量肯定超乎想像。若聘用人力一一輸入，會花費相當多的費用與時間，所以，谷歌利用reCAPTCHA解決了這個問題。現在這個瞬間，世上大部分的人都在無償的為谷歌工作，這樣持續下去，谷歌的人工智慧就會越來越強大。

三星電子缺少的就是這種小聰明，這延伸到缺乏軟體的問題。三星電子考量到未來，決定將重點集中在系統半導體上，但系統半導體的核心是軟體。以智慧型手機的大腦——應用處理器為例，應用處理器是最具代表性的系統半導體，但許多人（雖然最近減少許多）認為iPhone的程式使用起來比Galaxy更順暢，即使用久了，速度也不會變慢。原因是什麼？這是因為蘋果自行研發最適合iPhone的系統iOS，在整合軟硬體後持續管理，效能固然不會降低。

三星電子也承認過軟體是他們的弱點。二〇一六年六月，三星電子曾在公司內部電視臺提到：「谷歌研發軟體的人力為兩萬三千名，三星研發軟體的人力為三萬兩千名，但若只比較解決問題的能力，三星電子只有一～二%的人才能進入谷歌。」

十歲到三十幾歲的年輕人，幾乎很難找到不使用社群軟體，也就是Instagram的人，不過，這個應用程式是僅由四位研發者在六週內研發出的社群軟體。有人曾開玩笑說，如果換作是三星電子，可能會耗費數百人長達一年的時間。若沒有軟體，便無法保障三星電子的未來。第四次工業革命的核心系統半導體，必須結合軟體才能發揮其效能。

從我們喜歡的飲食到成人影片類型，谷歌都知道，因為他們利用驗證程式系統等方式，讓許多人在不知情的情況下，免費提供資訊給他們。就算三星電子花上數十兆韓元，召集AI領域的人才，也不太可能超越谷歌所想出的單純點子。這對必須加強軟體層面的三星電子而言，無疑是個不利條件。

以數據來看也知道，韓國現在處於劣勢。二〇一八年，首爾大學資工系人數只有五十五人，這樣的狀況已經持續了十五年；然而，史丹佛大學（Stanford University）資工系卻有七百三十九人[18]，而且這些人還是全球最優秀的學生。

英特爾每年都會頒發英特爾成就獎（Intel Achievement Award）給成果最優秀的研究學者，曾三度獲獎的SK海力士社長李錫熙便曾說過：「我們必須知道，系統半導體的核心，最終還是人。」[19]最終只有人能提出優秀的點子，而優秀的點子將左右系統半導體的競爭力。

5 體積大小有限制，改用立體堆疊

如前面所提到，半導體一直以來的發展方向就是減少體積、提升效能。想當然耳，放進半導體的各種電子產品體積也變得非常小，拿十年前最頂尖的西方電腦和現在所使用的智慧型手機比較，就能明顯看出此趨勢。不過，在減少體積方面會有物理限制，所以現在應該考慮一些不同於以往的方法。

漫畫《七龍珠》裡出現的高科技膠囊，能容納像房子一樣龐大的物品，放進膠囊裡隨身攜帶。在挑戰突破半導體物理限制時，是不是也該如此打破常規、嘗試完全不同的方法？

目前有各種研究正在進行，代表性的方法有製造出立體結構的半導體，像出FinFET、GAAFET；還有改善封裝製程，像台積電的扇出型晶圓級封裝（Fan-out Wafer Level Packaging，簡稱FOWLP）或三星電子的扇出型面板級封裝（Fan-out Panel Level Packaging，簡稱FOPLP），又或是研發新材料來使用。當然，沒有人知道正確答案。

半導體的功能，是開關與放大。而當使用者需要時，就要傳送訊號給電子，並且放大到需要的程度。若說過去主要著重在加強電流上，那麼最近就是將焦點放在即使電流降低也能正常啟動的效率，以及最快達到最大電流的速度。

但是，這個過程中會遇到一個問題：一般來說，我們無法讓次臨界擺幅低於特定數值。簡單來說，次臨界擺幅就是到達最大電流的方法，其單位為「mV／dec」，意思是提高十倍（dec）電流時需要增加的電壓量（mV），所以數值越低越好；換句話說，就是即使只增加一點點電壓，也能讓輸出電流提高十倍。不過，在常溫下，無論用什麼方法，都很難降到六〇mV／dec以下。

學者們為了解決這個問題，研發出完全不同的電晶體，但沒想到，他們使用的是量子力學的穿隧效應！像電子這樣極小的物質，能在特定條件下穿越牆壁通過（按：接觸到玻璃時，一部分的光會反射，一部分的光會通過，因為光是粒子也是波；同理，電子碰觸到牆時，雖然一部分的電子會被彈開，但一部分的電子能通過，這就是穿隧效應；不過，條件是牆壁不能太厚，以及粒子的質量要非常小）。

假設有一座城只有城牆、沒有城門，當城外的人想要進城時，不論是要爬梯還是要跳高，都得憑藉某種力量爬上城牆，但穿隧效應卻讓你能毫不費力的直接通過。

穿隧型場效電晶體就是利用穿隧效應，讓次臨界擺幅降到六〇mV／dec以下，效率變得非常好。不過，還有幾個使穿隧型場效電晶體無法商業化的核心問題，首先，電子會漏出來；此外，電流的強度非常弱。不過，在科學期刊《自然奈米技術》（*Nature Nanotechnology*）的二〇二〇年一月號中，有一個很有趣的研究[20]。

KAIST、韓國奈米綜合技術院、日本國立研究開發法人物質材料研究機構，三者共同研發出效能大幅提升的穿隧型場效電晶體。研究團隊利用黑磷（black phosphorus），成功大幅降低耗電量，變成原本穿隧型場效電晶體的十分之一，待機電量則降低將近一萬倍。

如果想要正確理解新層次的穿隧型場效電晶體，就要從前面提過的能隙開始說明。所有物質都有能隙，如果能隙太大，電子就會因為很難移動、無法通電而變成絕緣體；如果能隙很小，電子就能輕鬆移動、順利通電而變成導體，而半導體則介於其中，透過調整能隙來執行開關和放大。舉例來說，摻雜硼的p型和摻雜磷的n型接合（pn接面）後，透過調整兩者的能隙，讓電流只在需要的時候流通。

說起來很理所當然，但兩個完全不同的物質貼在一起時，會出現界面。假設把米粉和麵粉製成的麵包黏在一起，兩個麵包中間就會出現界面。如果不是實力堅強的麵包師傅，做出來的味道一定會很怪。所以製作麵包時，只會單獨使用米粉或麵粉，幾乎不可能混在一起。半導體也是一樣，為了要製作開關，絕對需要界面，但如果像pn接面那樣，把不同種類的物質黏在一起，就會破壞整體平衡，使界面氧化。

那麼，該如何解決此問題？研究團隊在黑磷中找到了線索，黑磷的厚度會改變能隙。也就是說，只要把兩個不同厚度的黑磷黏在一起，由於根本上是同樣的物質，所以能避免副作用，而且效果就跟將兩個完全不同的物質黏起來一樣好。出現能隙的差異後，就能正常發揮開關和放大的機能。

更重要的是，次臨界擺幅降到二三～二四mV／dec。這數值比英特爾十四奈米製程的矽基底的MOSFET還低，由此可看出，黑磷穿隧型場效電晶體展現出驚人的潛力。

這麼說來，應該要趕快使用這麼優秀的半導體啊？很可惜的是，現階段應該很難，因為還有成本上的問題。地球上的矽多到數不清，矽可是占了地球整體元素的二七．七％，任何材料都很難比矽更便宜。假設使用矽的效能是五十分，但CPU的價格是五十萬韓元，使用黑磷的效能是一百分，但CPU的價格是五百萬韓元，如果是你，你要用哪個？

如果你非常有錢，又剛好非常關注新的電子產品，可能會購買後者，但大部分的人都會選擇前者。黑磷是一公克要價九十八萬韓元的昂貴物質，如果無法解決這個問題，就很難讓

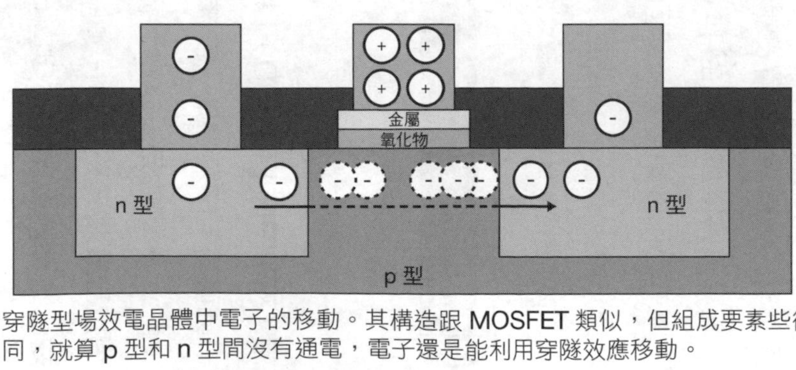

▲ 穿隧型場效電晶體中電子的移動。其構造跟 MOSFET 類似，但組成要素些微不同，就算 p 型和 n 型間沒有通電，電子還是能利用穿隧效應移動。

以黑磷為材料的穿隧型場效電晶體商業化。

不過，這不代表相關研究沒有意義。幾乎沒有一項發現能立刻改變世界、翻轉既有模式。大部分都是許多小研究成果不斷累積，最後造就出龐大的差異，成為國家經濟的原動力。誰知道？說不定數十年後會研發出新的處理法，大幅降低黑磷的價格來取代矽。

所以，不要在研究結果發表沒多久後，就批評為什麼還不商業化，這等於是期待襁褓中的嬰孩學會跑步一樣。德國物理學家兼作家格奧爾格·利希滕貝格（Georg Lichtenberg）便說過：「科學進步的最大阻礙，就是希望趕快進步。」

半導體，下一個劇本

突破量子力學的界限

量子力學的原理尚不明確，所以沒有人能在極小的世界中同時準確測量粒子的位置與速度，而難以測量又會導致分析與運用上的困難。不過，最近成功以光的型態捕捉到量子，從量子電腦（quantum computer，使用量子邏輯進行通用計算的裝置，比傳統電腦強大）等宏觀的角度來說，這等同為控制量子奠定了基礎。

6 邁入三進位，手機充一次電能用一千天

電腦只能理解0和1這兩個數字，是怎麼光憑這兩個數字，儲存並運算出如此龐大的數據？打個比方，假設在寬敞的空間有一億個水槽，當水槽裡都裝滿水就是1，當水槽全空就是0。獲得一個數據時，電腦會依照自己的公式，在不同的水槽裝滿水。

如果輸入半導體，電腦就會認為「一號水槽是1、二號水槽是0、三號水槽是0……一億號水槽是0。」有一億個水槽，數量限制接近無限，所以無論輸入任何數據，電腦都能處理。

現在我們使用的所有半導體，都以這個二進位法為基礎。光憑兩個數字，就能創造出這麼驚人的發展，如果是三個數字，又會開啟什麼樣的新世界？如果在前面的例子中，多加一種方法，讓水槽裝一半的水，會怎麼樣？就算水槽數量變少，也能處理更多數據，自然也就能省下裝水或放水的力氣。

簡單來說，就是會出現更小、更有效率且功能更強的半導體。有人正走向這個革命：韓

國UNIST教授金京祿，在二〇一九年七月於《自然電子》（*Nature Electronics*）上發表三進位半導體研究成果[21]。

他和其研究團隊在三星電子的資助下研發三進位半導體好幾年，在二〇一五年八月率先於《IEEE電子器件彙刊》（*IEEE Transactions on Electron Devices*）上，發表使用二進位半導體的結構與製程的三進位半導體[22]，並在二〇一七年一月接受媒體採訪時，提到三進位半導體。[23]

這麼說來，到底什麼是三進位半導體？先從MOSFET開始說起吧！我在前面提到，MOSFET是最基礎的元件，可以放進幾億個電子產品。簡單來說，它就是一種開關，能在使用者需要的時候讓電子移動。MOSFET也分n型（NMOS）和p型（PMOS），也能將兩者結合，製作出互補式金屬氧化物半導體（CMOS）。CMOS判斷電子移動時是0、電子沒有移動時是1，並將0變成1或將1變成0。

在西元兩千年初期，二進位MOSFET就夠用了，因為當時的數據量沒有那麼大，也符合當時要求的運算速度。但想想看，一九九八年三月《星海爭霸》（*StarCraft*）推出後，便開始取代古早童玩，二〇〇二年七月推出的《魔獸爭霸Ⅲ》（*Warcraft III*）至今仍令許多人懷念。

不知道當時的人是怎麼想的，但以現在的標準來看，那些遊戲的效能當然非常差；就連那時最新款的電腦，也遠遠比不上現在的旗艦機。換句話說，這個世界已經越來越難僅憑

MOSFET 運作。

不過，這裡又遇到了一個問題：半導體與元件變得太小。當然，效能變得很好，但現在碰到了物理限制，如果再縮減 MOSFET 的大小，元件內的各種領域就會互相干涉，發生漏電的副作用；原本電子必須只移動到特定的方向，卻可能朝四面八方彈出去。

這就像是水管接上水龍頭後要在院子裡灑水，卻破了好幾個洞一樣。一般人會想盡辦法把洞擋住，但研究人員卻徹底改變想法，利用漏出的電子去傳遞訊號。因此，資料多了一種處理方式，也就是導入三進位法，不再使用二進位法。

可惜的是，三進位法離商業化還有很長一段距離。三進位半導體會讓運算速度變得非常快，假如說二進位法是九九乘法，那麼三進位法就是可以直接算出十九乘以十九的人。哪一種運算更複雜，這點不用比較也知道。其次，三進位半導體的耗電量很低，要是研發成功，

▲ 1996 年推出的電動遊戲《暗黑破壞神》（*DIABLO*）（左）與 2017 年推出的手遊《鐵刃勇士》（*Iron Blade*）（右），其畫面差異就是半導體效能的差異。

尺寸等同智慧型手機大小的電子產品，充一次電就足以使用一千天。

最重要的是，三進位半導體是躍升到更高階的四進位、五進位，甚至十進位半導體的踏板，有助於研發效能強大的人工智慧。金京祿在二〇一七年受訪時提到：「我無法保證三進位半導體能成為新一代最受關注的跑者，但因為有大數據等需求，所以我認為，十年內，在特定用途領域，應該會出現搭載三進位半導體的電腦。」

我期待的領域，就是模擬（simulation）。三進位半導體雖然不像量子電腦那樣，被譽為「新世界」的科技，卻能實現比現有水準更卓越的模擬。在科幻電影或小說中，我們常能看到「我們現在生活的世界，很可能由模擬技術構成」這種情節，在虛構故事中，這種設定通常只是為了滿足觀眾或讀者的好奇心；近期，馬斯克也講了類似的話（按：馬斯克多次發表現實世界有可能是模擬世界的言論），使這個話題蔚為流行。在看到像《俠盜獵車手V》（*Grand Theft Auto V*）這類高水準開放世界遊戲時，我就覺得這個說法不無可能。

二〇一九年八月斯圖爾德天文臺（Steward Observatory）的教授彼得．貝魯齊（Peter Behroozi）研發Universe Machine的模擬技術，展示了八百萬個虛擬宇宙，裡面各含有一千兩百萬個星系[24]。

這項模擬技術展示了大爆炸不久後，四億年前至今的宇宙成長，使用搭載兩千個CPU的電腦。不過，目前效能還不足以一次展示恆星與行星的變化及運行，所以他挑出特定構成要素，選擇呈現重點部分。貝魯齊在二〇一九年九月，更以模擬的方式呈現黑洞的模樣[25]。

以此可知，模擬即將在不久的未來實現，而為了實現模擬，需要高效能電腦。儘管終極科技可能是量子電腦，但以三進位半導體作為起點也不賴。

當然，方法有很多種，實際上，近期也有各式各樣的新型半導體研究，如雨後春筍般出現。只是，沒有人知道哪項最後能成功商業化，不過，國際學術期刊上刊登的研究成果，看起來都充滿可能性。

快取和主要記憶體的差異

繼金京祿研發三進位半導體後，最近我關注的英雄是蔚山國家科學技術學院（UNIST）教授李準熙，他在二〇二〇年七月，於《科學》上發表了關於鐵電（Ferroelectric）RAM的相關研究[26]。

仔細說明何謂鐵電之前，我想先聊聊iPhone。iPhone開機後，會將長期沒有使用的應用程式初始化，其背後原因很簡單，因為iPhone的RAM比

▲ Universe Machine計畫的LOGO，掃描QR Code就能觀賞以Universe Machine形成的宇宙。

Galaxy更小。RAM的全名是隨機存取記憶體（Random Access Memory），也就是記憶裝置，不過，其記憶方式非常特別。

假設有位學生認真的坐在書桌前看書，他身後的書架上有數百本書。他讀到一半，想參考某本書的內容，就去書架上找，看完之後再放回書架上；之後，如果讀到一半又去書架上找書，這樣會浪費多少時間？只要把書放在書桌上，需要的時候拿起來看，不就得了？這時，書架就是HDD（Hard Disk Drive，又稱硬碟），書桌則是RAM。也就是說，當RAM越大，就能放越多書，也就能更快找到需要的資料。

目前，最常使用的RAM是DRAM，因為其構造簡單、耗電量低。不過，DRAM有個致命的缺點，就是速度很慢。延續前面的例子，我們可以把學生想成CPU，但是，每當學生想知道某個內容，就必須去翻書架的話，這樣還能好好讀書嗎？整體速度當然會變慢。所以，才要在CPU和DRAM間放入SRAM（靜態隨機存取記憶體）。SRAM會讓學生長久記住看過的書，想看某個內容時，就趁DRAM尋找時先簡單呈現，所以就會出現「速度好像變快」的效果。這時，SRAM又被稱為快取記憶體（cache memory），DRAM則稱為主要記憶體（main memory）。

同時，如果想把書一直放在書桌上，也就是想要記住DRAM的數據，就要定期充電，這個步驟可被稱為重新整理（refresh）。一般的SRAM有六個電晶體，所以不需要重新整理，但SRAM耗電量大、構造複雜；而相反的，DRAM需要重新整理，但耗電量低、構造簡單。通常，一個電晶體會有一個電容器（capacitor），而電容器顧名思義，就是儲存電的原件，裡面會用絕緣體，也就是不通電的牆，盡可能防止漏電。不過，絕緣體的效能再好，也無法完美的綁住電子，所以必須持續更新才行。

如果能研發出彌補DRAM之缺點的RAM，等同是開啟了新一代科技革命。如果要達到這個目的，就要改變DRAM原本的構造或原理，所以才會出現MRAM（磁阻式隨機存取記憶體）、RRAM（可變電阻式記憶體）和鐵電RAM等，這些都是近期備受矚目的記憶體。

其中，鐵電記憶體是非揮發性記憶體，特色是斷電後還能保存資料。Fe，也就是鐵，具有鐵電性，在沒有受到外部影響時，依然能自發極化，簡單來說就是自帶磁場的材料。即使沒有外部刺激，電子依然會自行移動，帶有磁場的性質。這種時候，就能透過讓電子移動到某一邊來儲存〇或一。

不過，鐵電RAM有個致命的缺點，就是體積。其最小單位域由數千個原子構成，對於以奈米單位競爭的半導體來說，這個單位太大了；不過，為了維持鐵電性的極化，已經不能再縮小。

簡單來說，不僅需要種下植物（數據）的地方，連沒有撒種的地方（整個區域）都要耕種。只要在能種植物的地方耕種、縮減區域用量，就能節省空間，工作也會更有效率！

李準熙和其研究小組在三星電子的資助下，研發出革命性的鐵電 RAM。研究小組聚焦於將鐵電性用在二氧化鉿（HfO_2）上。前面提過，鐵電性能在外部不施加電壓時依然維持極化，但如果體積變小，此特性就會消失；不過，二氧化鉿讓鐵電 RAM 在奈米大小時，依然維持極化。

理論上，若想以原有的方式儲存一位元的數據，需要數千個原子，但現在只要有一個二氧化鉿原子就夠了，等於整合度提升了一千倍以上。

有人問過李準熙，該以什麼來比喻最為恰當，他回答道：「就像一根吉他弦，能發出數百個琴鍵的聲音。」也就是說，光憑一根吉他弦，就能演奏需要數十、數百臺鋼琴的音樂。原本，原子就像一根拉到最緊的吉他弦，但在通電的瞬間，就能調整原子，使它們一一分離，仔細想想，其實是非常驚人的現象。

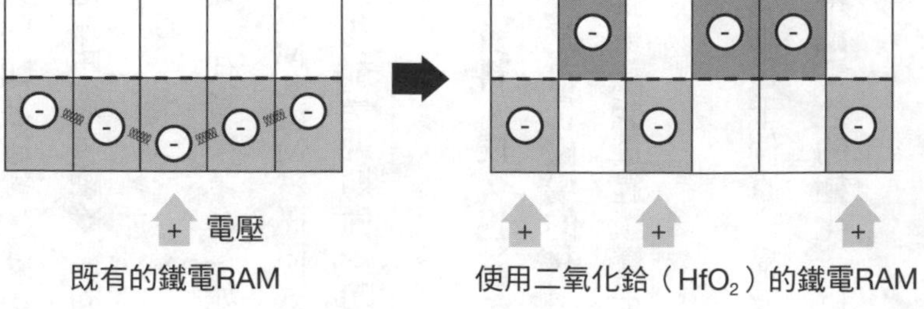

▲ 使用二氧化鉿的鐵電 RAM。既有的鐵電 RAM 連接著數千個原子，非常沒有效率，但改善後的鐵電 RAM，能將 1 單位的數據存在個別的原子內，所以整合度提升了 1,000 倍以上，微電極技術只要能修補，用途無窮無盡。

很可惜的是，使用二氧化鉿的鐵電RAM，目前還停留在理論階段。什麼時候能實際出現？李準熙預測，微電極技術要發展到能讀取極小原子內的數據，還需要好幾年的時間。**電極是讓電子進出的通道，無論製造出多好的半導體或元件，若電子無法流通，那就毫無用武之地。要通電，也就是讓電子移動，才能處理數據。**

以現在的技術，若想附上電極，元件大小至少要十奈米，但如果要讀取原子內的數據，就要精密到能附著在〇．五奈米大小的元件上。

現在能做出密度極高的記憶體半導體，但讀取的技術並沒有跟上；不過，當所有技術都萬事俱備時，這將是任何人都無法超越的發明。

此外，我還想說明一點。《科學》不太會介紹只有理論的研究，若沒有實驗結果，光憑理論就向《科學》遞交論文是非常冒險的行為，但該研究小組的純理論論文卻登上了《科學》，表示該期刊肯定這項研究具有意義與獨創性。

此研究將為往後的半導體產業，提出具有龐大可能性的明確方向。而這個方向的起點，就是違反常理的發想轉換，反問一句：「何必要堅持創造空間？」有時候，**常理反而是阻礙進步的元凶**。

創造立體主義、同樣以新視角看待世界的偉大畫家巴勃羅．畢卡索（Pablo Picasso）也說：「創意最大的敵人，是理智的判斷力。」

半導體，下一個劇本

現實和虛擬的界線，越來越模糊

電影《駭客任務》（*The Matrix*）中，有些人生活在虛擬現實中，意識已成為數據，他們相信虛擬現實就等同現實。講得更精確一點，其實他們不需要相信，因為對他們來說，虛擬現實就是唯一的現實。如果我們生活的這個世界也是這樣子，你會怎麼想？假如我們眼中的世界和自己，其實只是0和1的數據，你有什麼看法？模擬宇宙論，就是在這種科學與哲學間探索。

7 厚度只有一顆原子的二維材料

我已經一個人住很久了，所以常吃麵包取代正餐，我特別喜歡牛角麵包，因為裡面有很多層，口感非常豐富。好吃的牛角麵包，每個薄層吃起來層次分明，千層蛋糕也一樣，一層層疊在一起時，就能創造出驚人的美味。

在半導體材料中，二維材料就像牛角麵包或千層蛋糕的其中一層，每層都很薄、厚度只有一顆原子。如前面所述，半導體的核心在於精細程度，這也是為什麼，許多半導體公司都專注在研發效能更卓越的二維材料。

既然提到二維材料，我們來看看前面提到的半導體精細化競爭，目前進行得如何。**現在，只有兩間能做出十奈米以下細微製程的半導體公司，就是台積電和三星電子**；前者在二〇二〇年開始量產五奈米製程半導體，後者則在二〇二一年開始量產四奈米製程半導體。

當前局勢是三星電子以幾個月的差距，緊追台積電之後，但不知道三奈米製程開始後，情況會變得如何。三星電子在二〇二二年上半期，宣布導入三奈米製程，台積電則在二〇二二年七月正式宣布導入三奈米製程。若按照此進度執行，三星似乎以兩、三個月的差距領先，甚至還有傳聞說，三星電子將於二〇二五年導入兩奈米製程的半導體。

那麼，難道這代表在未來，三星電子將一統半導體的天下嗎？現在三星在記憶體半導體領域，屬於頂尖霸主沒錯，但在系統半導體領域方面仍相對弱勢。以代工廠看來，台積電取得壓倒性的勝利，代工廠實際市占率資料顯示，台積電幾乎是五三％到五六％，三星電子則只有一七％左右[27]（按：除了製程，良率更是提升市占率的關鍵）。

只看一七％這數值，也不算差，但其實一半以上都是三星電子生產、三星電子收購，內部交易依賴度非常高。根據TrendForce的報告表示，二〇一九年第一季三星電子代工廠銷售當中，其他公司訂購的數量只有四〇％[28]。簡單來說，絕大多數公司選擇代工廠時，更偏好台積電，而非三星電子。

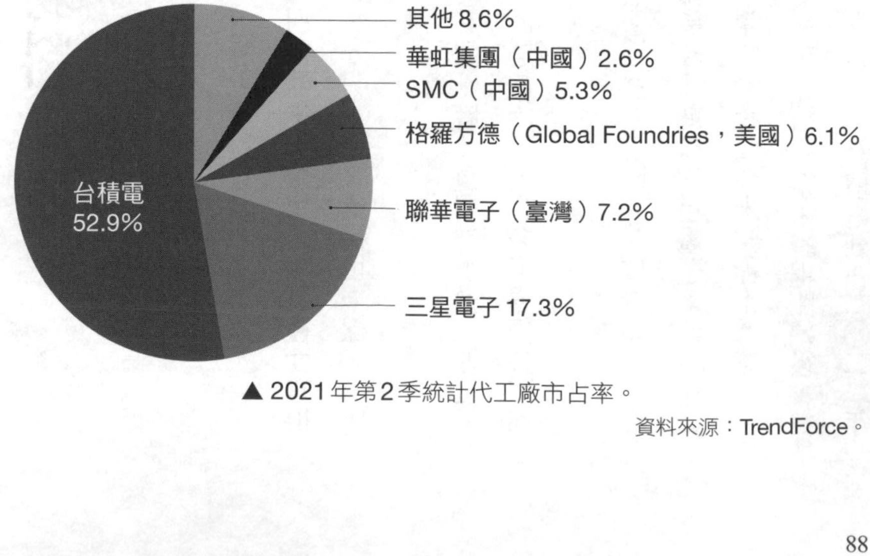

▲ 2021年第2季統計代工廠市占率。

資料來源：TrendForce。

台積電的主要客戶是蘋果，也獨家代理生產 iPhone 的 AP。二〇二〇年七月，台積電甩開三星電子，在半導體公司中市價總額排名第一[29]。如果不是關注股票或半導體產業的韓國人，可能沒聽過台積電；如果告訴他們，台積電是全球第一的半導體公司，而且是臺灣的企業，他們一定會非常驚訝。這也沒辦法，台積電跟蘋果或三星不一樣，完全是 B2B（Business-to-Business，企業對企業）的公司，所以跟一般消費者不會有任何關聯。

這麼說來，這就是一間絕對不能小看的公司，透過前面提供的數字，這點應該已經說明得很清楚了。在智慧型手機當道的時代，台積電大幅成長。因為智慧型手機的大腦——AP 雖然有點耗電，但還是要發揮高性能，幾乎沒有半導體公司具備這種水準的生產線。

在建立半導體製程方面，投入數十兆、數百兆韓元都是稀鬆平常的事。你可以想想，前面介紹過 ASML 的 EUV 曝光設備，一臺要價兩千億韓元，就能知道為什麼一般半導體公司根本無法打這方面的算盤，因為他們沒有這種製程，導致半導體的供給無法跟上需求。

無論無廠半導體公司（按：只從事硬體晶片的電路設計，後交由晶圓代工廠製造，並負責銷售的公司）的設計再怎麼優秀，如果沒有代工廠的完美做工，依然只是紙上談兵，尤其像蘋果這種需要高效能半導體的公司，能夠找到符合其需求製作的代工廠，非常困難。

設計圖越精細、越複雜，製造商不同肯定會影響商品完成度，而且，現在的無廠半導體公司都希望能製作出五奈米製程以下的半導體，等於要求近乎極致的精細作業。

前面說明過，半導體是在名為晶圓的基板上製作的，所以，若想讓收益放到最大，就要盡量在一個晶圓上取出最多半導體，而想達到這個目的，就要把迴路畫得很小，同時也要維持、甚至提升效能。

你想想看，要把一幅〈蒙娜麗莎〉（*La Gioconda*）畫在Ａ４紙跟信用卡大小的紙上，兩者之間需要的功力差了多少。畫布尺寸縮小後，為了畫出同樣精緻的細節，就必須在畫線或上色時更加仔細，但要是成功了，等於你可以在一張Ａ４紙上，畫出更多幅〈蒙娜麗莎〉。

半導體也是這樣，而且這種精細的作業，只有台積電和三星電子做得到。這兩間公司互相較勁，比較誰才是更細膩的畫家。台積電正式投入四奈米製程後，三星電子也不落人後，趕緊宣布投入五奈米製程。之後，兩方的主要競爭在於誰先穩定量產三奈米製程半導體，以及導入兩奈米製程。

如果只比較兩間公司的規模，三星電子遠遠大於台積電，因為台積電是代工廠，而三星電子是整合半導體的公司，此外，不僅是記憶體半導體，三星也生產系統半導體。如果只限定在代工廠，台積電是市場龍頭，但相反的，他們絕對無法獨霸市場，因為代工廠必須和無數半導體公司互相合作。

當然，這不代表台積電前景不好，反而是「握有話語權的買方」，因為不管他們拿到什麼半導體的設計圖，都有充分的能力能處理，可說是功力最精湛的鐵匠。

這麼說來，台積電和三星，誰能獲得最後的勝利？答案是不知道。台積電有可能會繼續在代工廠裡占據領先位置，三星也可能憑靠雄厚的資本實力奪回冠軍，此外，也可能出現第三個半導體公司。只不過，短期內看來，還是會維持台積電第一、三星電子第二的局面。如果三星想超越台積電，就需要無法超越的技術，無論是代工廠、無廠半導體、記憶體半導體還是系統半導體，都必須推出能撼動市場的商品。

淘汰晶圓板，改用方型印刷電路板

全球各地的半導體公司，不會只對未來抱持樂觀態度，而是會不斷努力讓這些想法成為現實。接下來我要說明的技術，是韓國研究學者的成果，所以會優先使用在三星電子或SK海力士這類韓國半導體公司，幫助它們在半導體市場上屹立不搖。而這些技術的用途很簡單，就是畫出精細的圖樣。

三星電子正在研究封裝製程中的FOPLP，而FOPLP使用的載板並不是我們常見的圓形晶圓，而是綠色四方型的印刷電路板（Printed Circuit Board，簡稱PCB）。為什麼？用常理來想想，若將圓形的晶圓板做成方形的半導體，一定會有部分被浪費掉；相反的，若採用方形的PCB，自然能減少浪費，整體生產費用也會大幅降低。

既有的半導體研究都專注於縮減大小、提升性能，但使用PCB板，連費用都能降低，可說是無法超越的優勢。順帶一提，台積電正在研究FOWLP（見第七十二頁），雖然能做得比之前更精細，但在晶圓的使用上會遭遇限制。

不過，想掌握此技術，還必須通過一道難關。跟前面介紹過、使用二氧化鉿的鐵電RAM一樣，FOPLP需要微電極技術；最近提出的解決方法之一，是UNIST教授權順龍所提出的平面電極整合技術，發表在二〇二〇年四月的《自然電子》上[30]。這技術被期待將超越「more Moore」，也就是半導體效能每兩年就會增加一倍的摩爾定律。

到底是什麼技術，能受到這麼多人的矚目？此技術最吸引人的地方，是它能解決半導體體積縮小時遇到的問題。前面說過，如果想提升半導體的效能，就要減小元件體積。十奈米製程、七奈米製程、五奈米製程等，縮小元件很容易，但過程中會出現各種問題。首先是漏電，導致電流流向奇怪的方向；為了解決此問題，最常見的方式是更換材料，防止電子流出，簡單來說，就是牆要高到電子難以翻越。

目前為止，製作半導體的方式多為添加過多的離子，來提升

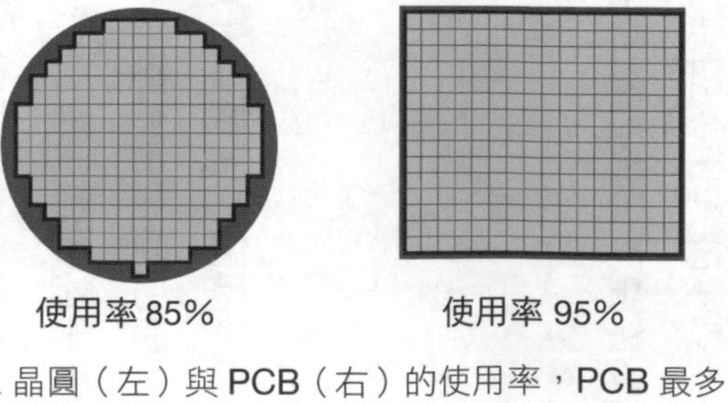

▲ 晶圓（左）與PCB（右）的使用率，PCB最多能多上10%。

電子的彈跳力，但半導體越來越小，所以這個解決方法也會變得更難達成。所以，這時的救星就是二維材料。前面提到，這些公司以其製品厚度只有一顆原子為傲，而二維材料不僅能減少半導體的大小，也有望解決漏電問題。二維材料的介面不會凹凸不平，反而非常光滑，因為都是以同樣大小的原子組成的。所以，電子能緩緩流動，而非彈出。

不過，二維材料也有一個問題。每個物質都有功函數（work function），也就是拔出電子需要的能量。大部分的半導體是以導體金屬材料（電極）與半導體材料黏合，藉由功函數的差異形成牆壁阻止漏電。如果牆太高，電子就難以移動，所以金屬或半導體材料的結合時，必須讓牆壁維持在適當的高度；換句話說，就算將半導體材料當成二維材料，如果無法順利接上金屬材料，導致牆壁過高，等同白忙一場。

為了解決這個問題，就需要微電極技術。權順龍及其研究團隊研發出了平面電極合成技術，研究小組成功將電極裝在只有一顆原子那麼薄的晶圓上。詳細過程是，先將結合鎳和碲（tellurium，化學符號為 Te）的金屬蒸發，取得碲的化合物後放上去，再將同樣很薄的二維材料二硫化鉬（鉬音同木）放上去；很驚人的是，我們發現兩個物質間的牆壁變低了。就算沒有放入過多的離子，牆壁也能變低，所以電子可以自由移動。導體與半導體的界面出現的牆降低，可說是擁有無限可能性的研究。

我們都是這樣一一解決半導體的各種問題，才得以持續進步。研究人員的共同目標，是在體積變得更小的同時，更快速的處理更多資料，同時，最重要的是成本也得變得更便宜。如果有那樣的半導體出現，我們的生活會變得如何？

現在使用的手機的 RAM，通常是八 GB 至十六 GB，但如果提升整合性，總有一天 RAM 的容量就能增加到一萬六千 GB，運算速度會飆升得非常多，所以 AP 的效能也會超乎想像。只要做到這點，電影《一級玩家》（*Ready Player One*）中描繪的虛擬實境也能成真，等於我們將無法區分虛擬實境與現實。

可能會有人反問，這應該是很久之後的事吧？針對這點，我想說一個有趣的故事。全球主要硬碟廠商希捷科技（Seagate Technology）在一九八〇年製造 HDD 之前，叫做舒加特科技（Shugart Technology），當時他們生產的五百萬位元組 HDD 售價是一千五百美元；過了四十年後，現在我的電腦容量比當時的 HDD 大上一百萬倍。

這麼看來，只要解決當前面對的幾個問題，讓

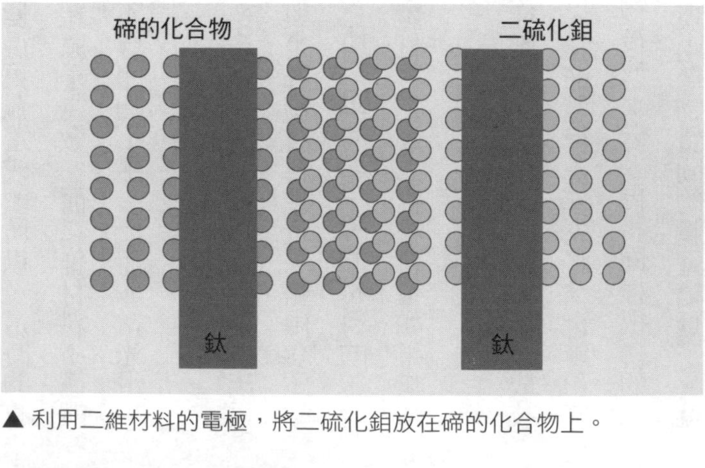

▲ 利用二維材料的電極，將二硫化鉬放在碲的化合物上。

RAM的容量增加一千倍並非完全不可能。在記憶體半導體產業占據龍頭的三星電子，也正朝此目標邁進。有人曾預言：「二維材料是半導體的未來，是夢想中的半導體核心，也是解決半導體材料難題的鑰匙。」[31]

二〇二〇年六月，三星電子綜合技術院和UNIST共同研究的二維材料被登載在《自然》上[32]。而那篇文章的內容，就是世界上電容率（permittivity，又稱介電常數）最低的非晶體氮化硼。電容率是迴路的電子干涉程度數值，所以越低越好，代表電子的移動越不受妨礙。半導體內有非常多電晶體，放入越多電晶體，半導體的性能就越好，但太多反而會讓效能降低，因為電晶體裡面的絕緣體，也就是防止漏電的牆壁變多。絕緣體會固定並蒐集電子，所以絕緣體增加後，電流的速度一定會變慢。

研究團隊為了解決這個問題，想開發出一款能在低電容率時防止漏電的絕緣體，所以研發出非晶體氮化硼。此材料的電容率為一．七八，比原本的絕緣體還低了超過三〇％。三星綜合技術院研究員申賢貞說：「原本一直以為電容率是技術難題，但我們發現了電容率在二．五以下的高強度新材料。」UNIST教授申赫錫則評論道：「這將會幫助我們找出半導體領域無法超越的新技術。」[33]

其實，三星一直都在研究二維材料。二〇一二年三星綜合技術院研發出「勢壘電晶體」（barristor），就是以著名的二維材料石墨烯建構的新電晶體，並發表於《科學》上[34]。石墨烯非常薄、導電性很好，也因為穩定性高，在物理和化學界被稱為神級材料，只是因為價格太貴，所以利潤不高。

為了能彌補缺點、發揮優點，他們研發後的結果就是勢壘電晶體。勢壘電晶體的構造簡單來說，就是把石墨烯放在矽上面；通常，兩種不同的材料相黏後會出現牆，而這技術的核心，就是透過半導體調整牆的高度。不過，在這個研究發表十多年後，至今仍無法商業化，因為無法解決成本問題，二維材料石墨烯難以大面積合成或合成立體結構。

不過，在二〇二〇年七月，三星綜合技術院和韓國基礎科學研究院（IBS）的研究團隊，將大面積合成石墨烯的研究結果發表在《自然奈米技術》上[35]。在這之前，二〇一七年三星電子綜合技術院和成均館大學研究團隊，已經在國際期刊《科學進展》（*Science Advances*）發表大面積合成石墨烯的研究[36]。

差別是二〇二〇年發表的結構是非常規則的單晶石墨烯，而二〇一七年發表的結構是非常不規則的非晶體石墨烯。後者的導電性當然不佳，卻是世上第一個製造出的不導電石墨烯（三星綜合技術院和成均館大學研究團隊，在二〇一四年已成功合成大面積的石墨烯）。

非晶體石墨烯的運用方法有很多種，甚至還能用在海水淡化裝置上，也就是讓水通過，但不讓離子通過，藉此達到海水淡化的效果（按：等同讓鹽，也就是氯化鈉，分離成氯離子和鈉離子後過濾）。不過，因為還是沒有解決價格問題，所以難以立刻實際運用，但以拓寬二維材料的使用範圍來說，意義已經很重大了。

其他公司無法超越的技術，並非一朝一夕就能出現。許多研究人員，現在也正為了研發出效能更好的材料，與半導體孤軍奮戰。這樣下去，總有一天會出現能完全取代現有的矽基板的新材料。而我們則能觀察誰會解決這個問題，這讓我想到費曼說過的一句話：「我不會回答無法提出的問題，而是會提出無法回答的問題。」

半導體，下一個劇本

擄獲航空公司芳心的石墨烯

為什麼我們會尋找新材料？解決問題的蛛絲馬跡，會以我們完全想不到的方式出現，也會出現新的市場。近期研發出以石墨烯大幅降低噪音的技術，這能讓一百零五分貝的飛機引擎聲，降至十六分貝的吹風機聲。不僅如此，石墨烯重量輕，運用範圍廣，我們可以期待這方面的研究，為高速移動造成的噪音帶來解答。

8 沒有封裝，等同做白工

二〇一九年十月，三星電子發表十二層TSV（前面提到的矽穿孔封裝技術）。TSV改善原本封裝技術的缺點，讓許多元件垂直堆起時，能連接各個元件。乍看之下沒什麼特別的，但設計、生產、連接方式全都可以創新，因為往上堆起後順利連接，所以不僅能提升整合度，也可以提高I/O（Input/Output，輸入／輸出），也就是輸入電量與輸出電量的比率，同時能減少漏電或妨礙。

簡單來說，電子效能提高了。近期受注目的技術——高頻寬記憶體（High Bandwidth Memory，簡稱HBM）的核心也是TSV。

封裝製程是半導體製作過程的最後一步，因此容易被低估，不過，若沒有封裝，半導體製造得再好也沒用，因為封裝就是供給電子到半導體上。電腦也有電源供應裝置，能在接收電流後，搭配各種零件狀況分配。

準確來說，**封裝就是讓元件和元件、半導體和半導體、半導體和基板之間緊密連接，並**

分配電子；尤其，隨著半導體體積越來越小，封裝也變得越來越困難。不僅如此，封裝還能保護數據和半導體免受外部衝擊，同樣是個艱難的任務。

所以，封裝並非只是單純裝進箱子裡，其重要性比我們所想的還要大。在二〇一六年，韓國全北科技園區（JBTP）發表的研究中提到，電子產品訊號的滯後多半發生在元件與元件、半導體與半導體，以及半導體與基板的連接處[37]。

也就是說，想提升半導體的效能，就必須設計並製作出完美的迴路，但也要提高 I/O 值。簡單來說，就是要好好連接。最常見的方式，就是利用線路連接。線路，就是電線，而且其原料通常為金（化學符號為 Au）。在電線尚未地下化的地方，電線都在空中纏繞、搖擺，因為這樣很簡單，所以長期被廣泛使用。

之前，只要用線路就很夠了，因為要傳送的電子訊號沒那麼多。不過，隨著半導體性能逐漸提升，情況就改變了。電子訊號量逐漸增加，元件大小卻逐漸縮減，而且線路很占空間，I/O 值也很低。那麼，該怎麼辦才好？怎樣才能在有限的空間內，將效能提升到最大？答案很簡單，就是往上疊！

把元件往上疊，是很合理的解決辦法，但這樣就無法使用線路了。如果用線路一一接起各元件，作業就會變得非常複雜，所以才出現 TSV 的方式，堆起元件後，利用雷射垂直穿孔，再以導電性好的銅之類的材料填滿。

說起來簡單，製程卻比想像中更困難。最大的問題是，堆起元件後，堆得越高，因高溫而翹曲（warpage，當一結構之橫斷面受力後，不再保持平面，表示此一斷面發生翹曲）的現象會越嚴重，主要原因是元件本身非常薄，而且每個元件在高溫下膨脹的程度也不一樣。

但儘管如此還是使用TSV，是因為連接長度（interconnection）變短了，不僅如此，電子訊號也能傳遞得更快速、更正確；此外，消耗的電變少，熱度當然也會降低，更不用說整合度也提升，因為元件不是往旁邊散布，而是往上堆。換句話說，這個方法最適合滿足現今各個領域縮減半導體大小的要求。

三星電子成功堆起十二層，往後就會繼續嘗試堆起二十四層、三十六層、七十二層。儘管還是有價格與量產的問題，但他們還會再投資鉅額的研發費用，總有一天能讓一百四十四層的半導體商業化。

前面提到，近期封裝受到矚目的原因，是因為前製程，也就是設計並繪製迴路遇到物理限制。半導體目前朝著三奈米製程時代前進，也離兩奈米製程時代不遠，不過，迴路的幅度變得過窄時，就會遇到各種問題。想砸錢解決這些問題，研發費用必然會過高，也會耗費許多時間，於是，專家們在尋求其他可能性的過程中，注意到封裝。當然，前製程和後製程的分界逐漸消失，在多領域專業技術人才的研究之下，這些前後製程被視為一體。我們也可以把半導體，想成綜合多領域的藝術品。

在這個綜合藝術的舞臺上，最廣為人知的作品就是綠色的印刷電路板，也就是PCB。雖然也有別種顏色的PCB，但我一直都很好奇，為什麼偏偏是綠色。是因為綠色已經很普遍，所以大部分製造商都跟著製作綠嗎？

先說結論好了，答案是為了提升良率。把半導體接在PCB上時，會使用適合大量生產的表面黏著技術（Surface Mount Technology，簡稱SMT）。簡單來說，要將接合材料錫膏（solder paste）印在PCB上，放上半導體後再加熱黏合。

錫膏常見的成分是錫、銀（三%）、銅（〇．五%），通常會加熱至兩百二十度，持續五至十分鐘。大部分的PCB會跟玻璃纖維和阻燃劑結合，製作出耐高溫的材質FR-4（按：FR為耐燃〔flame retardant〕之意），但因為可能會暴露在高溫下，所以依然有燃燒的可能性。

假設成功製造半導體，要黏在PCB上時，因某種原因導致連接處出現瑕疵，結果沒能抓出瑕疵品就直接出廠，會怎麼樣？答案是，無論被放進哪種電子產品中，一定會有某部分電子訊號無法正確傳遞。假如那個電子產品是自動駕駛汽車怎麼辦？可是會鬧出

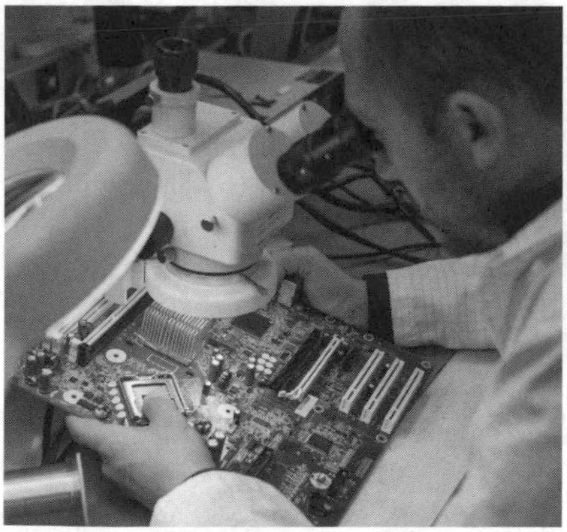

▲以肉眼透過放大鏡或顯微鏡觀察PCB，最近則多由電腦檢查。

人命的。

為了防止這種問題發生，在出廠前一定要檢查接合處。以前會使用顯微鏡等器材一一以肉眼確認，光用想的就覺得眼睛很痠，如果PCB板是紅色，看一眼就覺得眼睛痛，至少綠色會舒服一點，這就是PCB是綠色的原因。而最近出現各種顏色的PCB，就是因為現在交由電腦檢查。

不過，近期已經開發出不使用PCB的封裝製程，受到熱烈關注。就是前面稍微提過的FOWLP，這技術也被稱為PCB-less，使用厚度不到數十微米的重佈線路層（redistribution layer，簡稱RDL）。尤其，不使用數百微米厚的PCB，等於整體變得更薄，連成本都能降低；當然，你可能會因此而擔心PCB製造公司的存亡，但請別誤會，這不代表主機板或DRAM的綠色PCB立刻消失了，只是在封裝製程中使用的PCB，逐漸失去立足之地。

前製程遇到瓶頸，從後製程來改進

在繼續看FOWLP之前，我想先談談半導體的精細化。三星電子和台積電都正為了製造出更小的半導體，而投入天文數字的研發費用。我記得曾在二〇一八年某場學術研討會上聽說，從七奈米製程的提升到五奈米製程，需要五十兆韓元。順帶一提，韓國一年的研發費用是八十六兆韓元[38]。

往後還要繼續投資這麼龐大的金額，這是大到無法想像的規模。當然，三星電子和台積電全都順利開始五奈米製程，雖然我不確定這兩家公司是否都用了五十兆韓元。實際上，二〇二〇年上市的 iPhone 12 系列，已經搭載台積電的五奈米製程 AP。順帶一提，除了三星電子和台積電之外，大多半導體公司都放棄半導體精細化。二〇二一年三月，英特爾宣布要投資二十二兆韓元，進軍代工廠，但實際上，可能要很久以後才能開始製作半導體。

在半導體精細化的終點，有 SoC 和 SiP。SoC 是將 CPU、GPU 和 RAM 等所有半導體整合成一個的技術，比方說，把超微半導體公司的 Ryzen 9 5950X、NVIDIA 的 GeForce RTX 3090 和三星的 DRAM 放在一個半導體上。至於 SiP 則不是半導體，而是封裝單位，也就是把所有半導體封裝成一個；用類比來形容的話，SoC 就是用一片餅乾呈現出世上所有味道，SiP 則是將世界上所有味道，都放在一包餅乾裡。

重點是，降低半導體大小這件事是否有效率。跟投資的金錢和

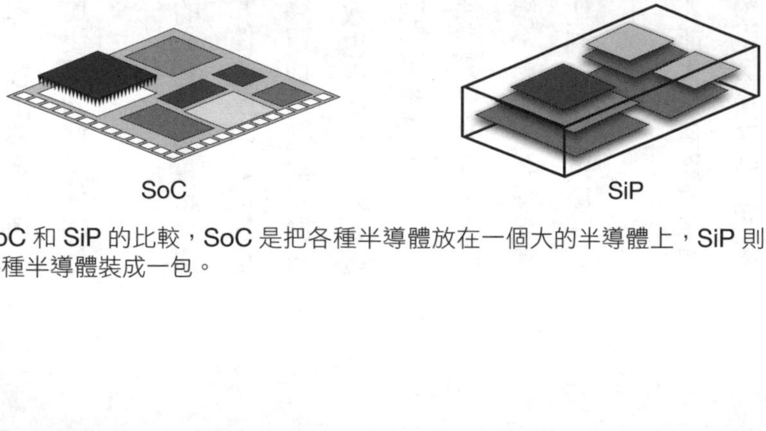

▲ SoC 和 SiP 的比較，SoC 是把各種半導體放在一個大的半導體上，SiP 則是把各種半導體裝成一包。

時間相比，收益是否夠好？在前製程把半導體做得太小，而遇到物理限制，若想跨越此難關，就需要投資大量成本。這麼說來，倒不如在後製程，也就是封裝製程中找出答案，會不會比較好？其實，在封裝製程中採用TSV（見第五十一頁），其結果比使用同樣元件的效能好上非常多。

想想看，如果要在有限的空間裡容納最多人，蓋在一棟高達一百樓的公寓中設置超高速電梯，會比蓋一百間房子更有效率。在這個類比中，公寓各樓層就是元件，超高速電梯是TSV。再加上，這種方式也較省錢，如果要蓋一百棟房屋，要花很多錢買地，還要對應每個人的喜好來建造，建設速度勢必會變慢。相較之下，一百樓公寓更有效也更便宜，只要電梯夠快就不會太不方便。以這個觀點來看，TSV和SiP都是封裝製程的明日新秀。

另一個以最有效的封裝製程受到關注的，就是FOWLP。如果想理解FOWLP，就要先看看什麼是WLP。以前在晶圓上作畫並切割（前製程）後會接上電線，再放上各種元件（後製程）。不過WLP的順序相反，也就是說，先進行封裝製程，再切割元件。這麼一來不僅能讓封裝製程順利許多（封裝能做到最小），也有助於降低元件大小。

不過它有個致命的缺點，也就是不能連接太多元件。元件要多，才能大量傳遞電子訊號，但封裝變小之後，元件也只能變小，導致半導體效能受限。舉例來說，蓋房子時若先蓋外面，再將內部空間規畫成許多一坪大的房間（封裝），這麼一來，雖然能容納很多人（元件），但房間太小，所以每間只能配置一個插座（接合材料），結果反而更不方便；於是，決定把各房間附設的〇．一坪空間當成陽臺，另外設置插座，這就是所謂的FOWLP。

如果把一般的WLP解釋為元件大小跟封裝大小類似，那FOWLP就是後者較大，等於能黏上更多的接合材料。重點是，FOWLP是台積電的專利，韓國三星電子和後製程企業Nepes也正在進行相關研究，但三星對外主打的是FOPLP，不是FOWLP。

前面稍微提過，FOPLP採用的不是晶圓，是PCB，這麼做有什麼好處嗎？第一、能封裝的面積比一般使用的十二吋晶圓更寬。第二、面積效率非常好。如果將圓形晶圓做成方形元件，勢必會出現浪費掉的部分；相反的，PCB從一開始就是方形的，所以沒有這種煩惱。也就是說，FOPLP理論上比FOWLP更省錢，效率也提升一二～一五％。更重要的是大小與厚度幾乎減少了〇．七倍[39]。

不過，目前裝在智慧型手機裡的半導體，大部分都以FOWLP封裝，不太會使用FOPLP。其原因有很多，第一個是不耐熱，也就是PCB會塗上封膠（mold）來保護元件，但其材料跟橡膠很

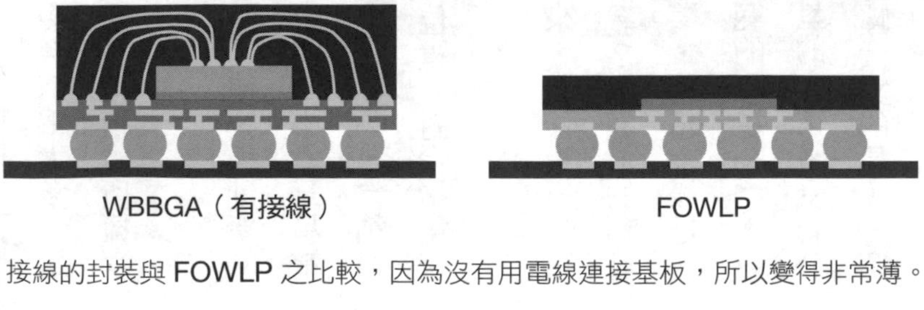

▲ 接線的封裝與 FOWLP 之比較，因為沒有用電線連接基板，所以變得非常薄。

像，遇熱就容易膨脹、變形。PCB本身不會改變，只有封膠會持續膨脹，是它的缺點。

因此，三星電子也在開發FOWLP上加快腳步，而其技術並沒有落後台積電太多。這麼說來，到底誰能在這場封裝戰當中獲勝？幾位專家預測台積電占上風，而且台積電所擁有的EUV曝光設備比三星電子更多。

不過，就我看來，我認為這將是一場雙贏的競爭，因為雙方激烈的較勁，使技術創新的速度突飛猛進，半導體的市場則會因此受惠。就算台積電的市值很高，也無法小看三星電子，因為三星同時是代工廠、又是無廠半導體，同時是記憶體半導體的霸主。此外，台積電也要看無廠半導體的臉色，如果沒有訂單，利潤就會驟降。守住代工廠的位置，對台積電來說，就像一道雙面刃。

其實，很多研究學者對三星電子的FOPLP抱持否定態度。這麼說來，為什麼三星電子不放棄？明明知道會導致競爭力下滑、難以商業化，為什麼還要繼續研發？我謹慎的預測是，因為只要能提高FOPLP的完成度，就會出現一個封裝製程的新標準，聽起來像是一個遊戲規則改變者（game changer，指改變或顛覆傳統遊戲規則、行事規範的人事物）。

已故的三星前會長李健熙，曾在二〇一二年祝賀新年時表示：「三星的未來將受新公司、新產品和新技術左右，想打破既有的框架，唯有思考新事物。我想叮嚀大家的是，一定要一再挑戰。」

半導體，下一個劇本

號稱地表最強的記憶體半導體

三星電子斷言，他們製造了地表最強的記憶體半導體，也就是 HBM-PIM（PIM 為 Processing In Memory 的縮寫，存內計算，用於處理儲存在內存資料庫中數據的技術）。HBM 是高頻寬記憶體，簡單來說，就是一次能儲存更多數據。

全球第一個讓 HBM 商業化的是 SK 海力士，而三星則將 HBM 和 PIM 結合起來。PIM 是智慧型記憶體，等於這個記憶體能夠進行運算，未來將成為開發人工智慧的必需品。

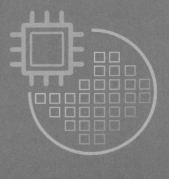

第2章

哪些科技未來最會賺？
股票族如何布局？

1 車用半導體：隱藏在汽車內部的強大商機

可能會有人反問，韓國出口最大宗的，不是三星電子和SK海力士的記憶體半導體嗎？其實，半導體市場在二〇二〇年，就比前一年增加五二．一％，占整體出口量的一九．四％[1]。我敢斷言，其中最受注目的半導體就是車用半導體。

我在二〇一九年九月，已經在YouTube頻道上介紹過車用半導體，當時大家也反應平平[2]。其實，那時知道車用半導體的人還沒有那麼多，所以幾乎沒有人特別關注，也沒有相關消息；若在YouTube上搜尋，依觀看數排序，我的影片就在最前面。

跟車用半導體市場密切相關的特斯拉，當時股價大約在四十四美元至五十美元之間，不過，就在某個瞬間，突然開始爆漲，到了二〇二〇年一月，特斯拉的股價翻了將近兩倍，而到了二〇二一年十月，則大概維持在一千元美元左右。

在我公開自己的預測後，許多人開始關注車用半導體。新聞也開始報導，車用半導體需求遽增，造成商品短缺的時候是二〇二〇年的下半年，我提早預測了一年，但這只是走運罷了。我到二〇一九年十二月，都還在研究電動車使用的功率模組（power module，所有的電子產品都有功率模組，會變換電流再供給並分配，執行各種跟電源有關的任務）元件，自然也拍了幾部相關影片，沒想到會這樣爆紅。這些影片的觀看次數，都超過一百萬次，真的運氣很好。

很有趣的是，雖然我認為車用半導體之後會受到關注，但實際上，我並沒有購買相關股票。許多人認為，研究學者對業界趨勢瞭若指掌，所以能透過股票嚐到甜頭，但我完全沒有那方面的福氣。我的某位前輩取得博士學位後，在三星電子任職，他還反問我：「如果研究學者很懂股票，那在汝夷島（按：被譽為韓國華爾街的金融與投資中心）的人都是理工博士了吧？」如果真的是那樣，國家研究機構或明星大學工程學院的停車場，應該都停滿保時捷、藍寶堅尼（Lamborghini）等跑車了。

就像前面所說明的，大部分的學者只明白自己領域內的趨勢，完全不了解經濟或政治。連科學家艾薩克．牛頓（Isaac Newton）都曾在加入股票市場後，損失等同現在二十億韓元以上的本金，他說：「我能算出天體的軌道，卻算不出人類的狂傲。」[3]

所以，我希望你能明白，本書是幫你增加視野、培養批判能力的方式，請當作參考即可，我不是在告訴你確切的未來前景。每次我上傳影片到 YouTube 頻道時，也有很多人會問：「所以相關的股票有哪幾支？」我都會回答：「我也不知道。」

極端溫度、沙塵暴雨，怎樣都不能故障

現在，就來正式談談什麼是車用半導體吧！韓國是半個半導體強國，因為只有記憶體半導體很強，系統半導體卻很弱。不過在某個領域，三星電子比高通這種數一數二的系統半導體公司更具競爭力。會這麼說，並不是我的個人偏見，除了我之外，延世大學工程教育院院長洪大植、成均館大學教授韓泰熙、成均科大教授金榮碩、SK電訊ICT技術中心所長朴真孝、韓國產業經濟技術研究院（KEIT）執行長金東順等專家，都關注車用半導體產業[4]。

高通是系統半導體的霸主之一，如果你的智慧型手機使用的系統是Android，那裡頭很有可能有高通製造的AP。不僅如此，高通也占有大部分的5G通訊領域。三星也正在5G通訊的領域逐漸嶄露頭角，後面我會再更詳細的說明。此外，我甚至聽到傳聞說，蘋果無法開發出5G通訊模組，一開始依賴三星電子的模組Exynos Modem 5100，後來覺得丟臉而退還，改為跟高通研討對策。目前以市占率來看，5G通訊模組大部分仍由高通提供。

可是，車用半導體又是另一回事了。三星電子比高通更早進入車用半導體市場，二〇一七年，三星電子以九兆三千六百億韓元收購車用半導體公司哈曼（Harman），之後也決定投資七十四兆韓元，包下車用半導體市場[5]。

三星電子強勢進入車用半導體市場開發的原因很簡單，從自動駕駛汽車、電動車到氫動

力汽車，往後將出現的所有車輛，都會使用車用半導體。除了機器設備之外，連接5G通訊啟動也需要車用半導體。BMW甚至帶頭改變我們印象中的後照鏡，陸續推出配有自動找出最佳視角、呈現周圍狀況的數位後視鏡。也就是說，車用半導體的用途其實非常多，市場也會繼續擴大，等同未來的搖錢樹。

不過，製造車用半導體非常不容易，因為你必須保證，不會有人因為智慧型手機的AP壞掉而受傷或死亡；車內的車用半導體一旦壞掉，就可能造成傷亡，所以必須做到完美，才能讓買方和消費者信賴。

再加上，**由於使用環境非常惡劣，會受到衝擊、極端溫度及嚴重沙塵侵擾等，基於以上原因，車用半導體材料的標準非常高**。以熱衝擊實驗來說，車用半導體要求的穩定性，是一般半導體的兩倍。雖然可以期待車用半導體會獲得非常龐大的獲益，但由於製造相當困難，所以三星電子正在卯足全力。

這麼說來，車用半導體用的是什麼材料？首先，要能耐住高電壓和高溫。車用半導體在變換、分配並處理電流時，需要

▲ 世界上第一個搭載數位後視鏡的 Lexus ES。

使用功率半導體，我們先以此為例來說明。因為要啟動的是車子，不是小型的智慧型手機，所以功率半導體要承受的電流強大非常多。一般半導體承受不了這種強度，因為不僅會改變電流性質，溫度也會增加。矽適用的上限是兩百二十度，所以會使用耐高溫的氮化鎵和碳化矽等，這種材質的能隙較大。如果是一般環境，電子應該難以移動，但在高溫下，物質會膨脹，能隙會縮小至恰當的範圍，所以很適合作為需要耐高電壓、耐高溫的功率半導體。

簡單來說，**不論高溫或低溫，車用半導體在任何溫度下都必須正常啟動，而且不能故障**。要開發出符合這些刁鑽條件的材料，當然非常困難，技術水準要很高，也需要很精細的技巧，並投入數兆韓元的研發費用。換句話說，只要率先搶下車用半導體的市場，就能長期主宰此市場。

在這邊，我想分享跟此主題有關的有趣故事。我現在開的車是 Kia K7，目前還很滿意，但我想在三到五年後換成特斯拉的 Model S，不然就是保時捷的 Panamera 或 Taycan。其聽到這番話的人，多半會感到驚訝，問我：「特斯拉跟保時捷是同樣等級的車子嗎？」其實，特斯拉車子的完成度低得嚇人，像是接合處的縫隙有一根手指寬，以及跟價錢相比，材質過於廉價等，的確會令人懷疑。

不過，以我個人來說，我對特斯拉的好感僅次於蘋果。說不定我的意見某部分也受到特斯拉股價上漲影響。那麼說來，這好感究竟從何而來？我覺得，馬斯克的領袖魅力和領導力都很像史蒂夫．賈伯斯（Steve Jobs），而且特斯拉是目前效能最好的電動車，搭載非常優秀的自動駕駛系統；更重要的是，開特斯拉，給人一種走在流行尖端的感覺。

當然，特斯拉也可能是泡沫，只在歷史上留下一點華麗的痕跡後就消失。不過，因特斯拉而帶起的自動駕駛與電動車熱潮，不會那麼容易消散。

韓國公司也在努力追趕特斯拉。二〇二〇年七月，三星電子副董事長李在鎔和現代汽車首席副董事長（按：已於二〇二〇年接任董事長）鄭義宣見面了。韓國頂尖企業的巨頭見面討論汽車的未來，就能知道汽車市場的未來值得期待。

實際上，三星電子將車用半導體、AI、5G通訊、生技領域選為四大未來成長潛力，現代汽車也大幅投資在自動駕駛汽車與氫動力汽車上。當然，自動駕駛汽車的穩定性及電動車的經濟效應仍有許多爭議，但這兩者即將成為時代核心，這點誰都無法否認。

▲ 特斯拉的 Cybertruck（左）和現代汽車的 PORTER II Electric（右）。儘管大眾對 Cybertruck 好感度壓倒性的高，但全球第一輛商業化的電動卡車 PORTER II Electric 更貼近日常生活。

入門門檻高，中資難以輕易挑戰的市場

就算不是自動駕駛汽車或電動車，最近新推出的汽車裡，也充滿各種車用半導體，從告知路徑、注意行人並停止、維持車道、配合車流狀況改變速度等功能，各種感測器、攝影機和通訊設備都需要車用半導體。

電動車所使用的電池也須由車用半導體控制，並不是將電池裝在電動車上，就能發動電動車，而是要由系統變換從電池流出的電流，然後分配並控制。到了這個程度，電動車已經接近一臺會移動的電腦了，特斯拉的自動駕駛汽車，就由儀表板中間設置的大型平板，來操作大部分的功能。照這個趨勢，往後更多汽車都會搭載更多車用半導體，那麼，這些東西能用機械搖桿或開關調整嗎？絕對不行，一定要由車用半導體調整。這代表，已經出現了一個涵蓋無限可能性的市場。

你可以上網查查看車用半導體的市場規模，已經有許多專家分享看好未來的評論或分析，但相較之下，一般人仍不太清楚車用半導體的可能性。這是因為他們對專家沒信心嗎？的確，專家的預言常常出錯，不過，這次的狀況不一樣；**儘管在開車時，有自動駕駛系統或相關感測器協助，但很難直接看到隱藏在汽車深處的車用半導體，所以此市場現今仍常被人們忽視。**不過，這個市場非常強大，簡單來說，就是：「不吵雜卻很強烈。」6

就像前面所說明的，車用半導體市場的入門門檻非常高，必須具備技術和資本，這也是中國公司難以輕易挑戰的原因。

其實，根據市場調查機構矢野經濟研究所在二〇一七年發表的報告，可以得知功率半導體市占率第一名的公司，是德國的英飛凌，第二名是美國的安森美（onsemi），第三名是日本三菱（Mitsubishi）；Strategy Analytics的報告裡則涵蓋了車用半導體，報告顯示，第一名是英飛凌，第二名是荷蘭公司恩智浦半導體（NXP Semiconductors）；功率模組的第一名是英飛凌，第二名是安森美。上述公司所屬的國家，美國、德國、日本、荷蘭都是基礎科學強國，表示車用半導體仍是難度相當高的領域。

美國總統喬・拜登（Joe Biden）相當重視環境議題，他表示從二〇二一年一月上任開始，預計在往後十年內投資一兆七千億美元，以達到碳中和（按：企業、組織在特定衡量期間內，碳排放量與碳清除量相等，又稱為淨零排放二氧化碳）的目標。全球規模最大的資產管理公司貝萊德（BlackRock）則正準備布局七兆八千億美元，宣布未來資金將撤出不重視ESG，也就是環境（environment）、社會（social）和治理（governance）的公司[7]。

如今，大眾之間正在形成一種共識，要保護環境、節約能源，所以要減少使用內燃機。對此，無論是石油、柴油或是電，能將燃料消耗效率提升到最高的功率模組和車用半導體，重要性逐漸提升。其實，二〇二〇年SK海力士發表的各半導體銷售增加率中，車用半導體也正持續增加[8]。

市調機構IHS預測，二〇二〇年車用半導體市場規模將超過五百億美元，三星電子二〇二一年第三季銷售額為七十三億韓元，不久後就會上漲至類似的金額。想到三星電子的龐大勢力，就可以得知車用半導體的規模很大，甚至有人說，三星繼獨占記憶體半導體後，下一個領域就是車用半導體[9]。

二〇二〇年五月已經出現值得關注的相關訊息。負責封裝製程的半導體公司艾克爾國際科技（Amkor Technology）裡，統整車用半導體的負責人普拉薩德·東德（Prasad Dhond），他表示短期汽車界的前景並不好[10]。其實，汽車產量正在縮減。電子工程國際企業博世（Bosch）生產各種汽車零件，他們也預測汽車產量將下降二〇%；同時，英飛凌與NXP半導體在二〇二〇年第一季的銷售量，也非常令人惋惜。

不過，東德的結論很確定：「在美國經濟裡，汽車

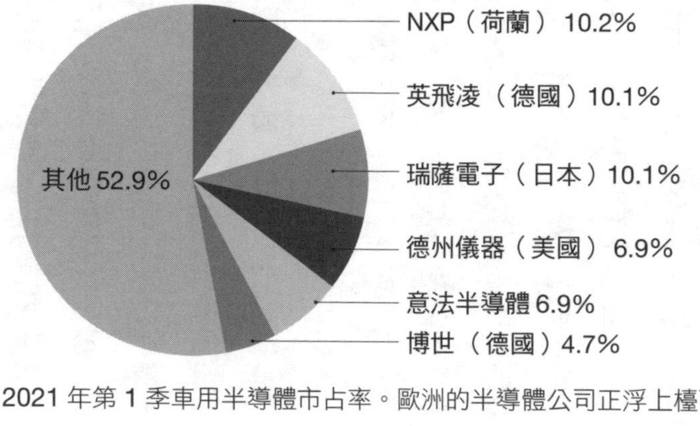

▲ 2021 年第 1 季車用半導體市占率。歐洲的半導體公司正浮上檯面。

資料來源：韓國汽車研究院。

產業的比重很大，車用半導體的市場會穩定成長。」他關注的點是，往後穿梭在馬路上的車，不是會立刻變成真正的自動駕駛汽車或電動車，而是會有無數輛使用高效能車用半導體的汽車。還有成長可能性比這還高的市場嗎？東德的意思就是：「車用半導體的市場將比現在大上許多，未來無限光明。」

半導體，下一個劇本

股價攀升的公司，都在做類比半導體

在半導體的各種分類中，有一項是數位與類比。數位半導體將訊號分成0和1，類比半導體則將類比訊號轉換成數位訊號。數位相機的影像感測器就是代表性的類比半導體，能夠捕捉不斷變動的自然風景，形成間歇的數位圖案。最近因為開發自動駕駛汽車，使類比半導體的需求暴增，自動駕駛汽車在行駛期間，必須常常注意周遭情況，所以需要效能好的類比半導體，而相關的半導體公司股價亦持續向上攀升。

小故事3

專家公認的遊戲規則改變者：全固態電池

電動車的重點在於電池，但許多人應該不知道，電動車早在十九世紀就已開發出來，甚至比內燃引擎車更早販售，價格便宜、構造簡單，更重要的是，當時沒有長距離或高速駕駛的需求，只要有現代高爾夫球場使用的電動車的效能即可。不過，二十世紀後，生產出大量石油，內燃引擎車的維護費用急速下降，電動車便消失在歷史舞臺上，直到又過了好一段時間後，能源型態轉換，電動車才重新受到關注。

在這段時間內，電池技術日益進步，第一代的電池只能使用一次，後來技術有所突破，開發出第二代能回充的電池，而最近則在開發在燃料的化學反應中直接發電、半永久性使用的第三代電池（燃料電池）。若能繼續下去，電池市場的成長趨勢不容小覷。

二〇一九年，LG化學的股價只有三十萬韓元，但到了二〇二一年一月，已經超過一百萬韓元，之後持續守在八十萬韓元大關。LG化學的電池生意好到讓 LG Energy Solution 獨立出來，分拆成子公司。

說不定，電池市場規模將成長到僅次於半導體市場。我非常關注能源領域，也常常在頻道上介紹相關新技術，能源就是錢，這點應該在人類滅絕之前都不會改變，尤其最近大家更關注對環境友善的能源。

在特斯拉發跡後，得益於此，開啟了以LG化學為首的「電池春秋時代」。可是，這不代表前途肯定一片光明，因為目前還有各式各樣的問題，不過按照過去的經驗而言，在這種情況下，能夠成功突破、創新的公司將會支配市場。蘋果就是最好的例子，手機市場被功能型手機局限時，蘋果就推出了iPhone，站上王位的寶座。

索尼（Sony）自一九九一年商業化以來至今，大部分電子產品都使用二次電池——鋰離子電池，但最近索尼也開始開發電動車，鋰離子電池市場到二〇二五年之前，年平均成長率將會增加到二七％[11]。

不過，在進入新的鋰離子電池市場前，還有三個很明顯的挑戰：第一、穩定性問題；第二、高度依賴外國；第三、容量遇到物理限制。而為了解決這些問題，全固態（all-solid-state）電池出現了。

我先簡單說明一下全固態電池的原理。假設在一片海面上有兩座島，如果要在不同的島嶼間通行得坐船，但海面上常常會吹起暴風或掀起巨浪，非常危險，於是決定抽乾海水，在露出的地面上設置高速鐵路，這麼一來，就能更快速且安全的在兩座島嶼間通行。

全固態電池就是像這樣，用固態電解質填滿電池裡陰極和陽極間，液態電解質原來占有的位置，將液態電解質替換掉之後，就算受到外部衝擊也不會漏電，密度提升後，效能也變好了。更重要的是，它能像半導體一樣往上累積，所以能在一定程度上應付容量的物理限制。當然，還有很多待解決的問題，像是固態電池的電阻比液態更大，此外，如果要達到商業化的階段，研究還不夠，等於它還無法跨出實驗室、變成商品。

二〇一八年全固態電池專利中，與製造工程有關的只有九%，所以距離大量生產，還有很長一段時間。目前還沒有人敢斷言，全固態電池就是能超越鋰離子電池的創舉。以前，我參加三星綜合技術院負責能源領域的研究員研討會時，有人暗示三星未來會有這樣的走向。

鋰離子電池的穩定性問題很大，所以曾有研究團隊在尋找其他材料時，研究鈉離子電池，但效能未達預期，因而放棄。看到最後全固態電池持續占上風，就可以預期其他公司的狀況應該也差不多，就像在智慧型手機當道的時候，沒必要研究功能型手機一樣。

這麼說來，哪間公司能最先開發出可商業化的全固態電池呢？在我看來，當屬LG化學、SK Innovation、現代汽車投資的美國Ionic Materials、SES或義大利Solid Power最有潛力。剛好SES在二〇二一年十月推出全固態鋰金屬電池，受到廣大關注[12]。全固態鋰金屬電池當然也是鋰離子電池，但行駛距離、充電速度、電池壽命等，都比全固態鋰離子電池更卓越，據說會在二〇二五年開始量產，接下來的趨勢值得我們期待。

眾多公司中，專家一致好評的當屬日本豐田（Toyota）。當然，就算豐田現在推出全固態電池，也無法展現出媒體口中的那種夢幻效能。不過，日本政府全力支援新一代電池技術的開發。

其實，豐田從二〇一二年至二〇一四年申請的新一代電池相關專利中，有六八％都是全固態電池技術；截至二〇二〇年，豐田已經擁有超過一千項全固態電池相關專利，二〇二一年九月展示全球第一輛搭載全固態電池的電動車新產品，完成度已經可以申請車牌了，外型跟二〇一九年公開的概念車一樣，只要效能夠好，就很有可能成為遊戲規則改變者。

商業化面臨的最大阻礙，是充電速度過慢

LG化學也不落人後，在新一代電池領域嶄露頭角。問題是，新一代電池所需的材料，被日本和中國公司緊緊抓住，實際上，截至二〇一九年，隔離膜主要由日本旭化成掌握，電解質則由日本的三菱化學獨霸，電極陽極材料

▲豐田的概念車 LQ 是全球第一輛搭載全固態電池的電動車，目前正在測試新產品並改善效能。豐田預計於 2030 年前投資 16 兆韓元，推出搭載各種全固態電池的電動車。

由比利時國際金屬材料大廠 Umicore 掌握，電極陰極材料則由中國能源材料公司貝特瑞主宰[13]。這些都是新一代電池不可或缺的材料。

日本和中國的科學基礎非常扎實，如果他們先製造出全固態電池，很可能會作為商業戰略使用。其實韓國中小企業廳前廳長朱永涉警告過，未來豐田可能只會讓自己製造的電動車搭載全固態電池，藉此一手掌握市場主導權。如果他們真的推出充十分鐘的電就能行駛超過五百公里的全固態電池的電動車，那就會像蘋果推出 iPhone 那樣，將所有人拋在後頭。

值得慶幸的是，至少目前許多專家認為，要在短時間內開發出具完成度的全固態電池相當困難。不過，日本公司在二〇二〇年三月，已經擁有兩千兩百三十一個跟全固態電池相關的專利，韓國只有九百五十六個，代表日本已經搶先占有非常有利的地位。

為了扳回一城，LG 化學和 SK Innovation 都在努力研究，不過方向不太一樣。日本向來生產高品質的海鮮，而韓國則有許多有實力的廚師。當然，要是沒有海鮮，廚師什麼事都做不了，所以韓國也得想辦法打造優良養殖場或培養漁業技術。不然，就要使用完全不同的方式，開發除了全固態電池以外的新一代電池，或是乾脆創造一個全新層次的全固態電池。

其實，全固態電池的缺點是充電速度很慢；離子導電性是用來呈現離子移動速度的數值，固態電解質與液態電解質的離子導電性的差異，少則十倍，多則百倍[14]，目前還沒有任何公司能徹底解決此問題。

不過，二〇二〇年三月KIST的研究團隊在《奈米通訊》（*Nano Letters*）發表了相當於液態電解質離子導電性的固態電解質[15]。研究團隊利用「奈米結晶核高速合成法」，創造了具有硫銀鍺礦（Argyrodite）這特殊結晶結構的固態電解質。若此方法有效，不僅能縮短全固態電池的充電時間，連製造時間也能縮短。

他們把實際上要耗費好幾天的製程縮短至十小時，開啟了大量生產的大門。當然，過程中還存在其他問題，以奈米結晶核高速合成法製造的固態電解質，無法與其他材料結合，反而會讓整體電池效能降低。傳奇NBA籃球選手卡里姆·阿布都－賈霸（Kareem Abdul-Jabbar）說過，一位球員可能是球隊中不可或缺的要素，但光憑一位球員，無法組成一支隊伍。

雖然韓國製造材料的實力遠遠落後日本，不過製程開發、提升效率的實力真的很卓越。二〇二〇年九月韓國電技研究院（KERI）的研究團隊研發的固態電解質，比現在的價格便宜十分之一，同時也研發出能大量生產的技術[16]。

三星綜合技術院與三星研究所（一九九七年三星於日本橫濱設立的研究所）已經提前在二〇二〇年三月在《自然能源》（*Nature Energy*）上展示大小近乎縮減一半的全固態電池[17]。

這研究的核心是抑制樹枝狀結晶（dendrite），這是在電極陰極材料表面上堆積的樹枝形狀結晶，會讓離子無法正常移動，降低電池效能；因此，他們放入銀與碳的奈米粒子以阻擋樹枝狀結晶，讓離子能長期穩定移動。這是一般封裝製程也能使用、非常有價值的發現。

韓國的應用能力非常卓越，但還是不能把這件事跟製造材料畫上等號。栽培有實力的廚師的同時，也要考慮如何生產新鮮的海鮮。三星電子顧問權五鉉曾說：「一直以來，我們都是將別人創作的曲子加以改編，以此大獲成功。現在應該要停止編曲，創作出我們的音樂。現在開始，沒有任何人會告訴我們接下來要怎麼走。」[18]

值得慶幸的是，現在時間還夠。就算全固態電池備受關注，也不代表就不使用AA乾電池，只要現在開始好好準備，我們依然能在持續成長的電池市場中保有競爭力。根據韓國現代證券的報告，二〇二二年特斯拉電動車的銷量比前一年增加超過兩倍。預計整體電動車市場將會成長五四%。當然LG化學等電池公司的利潤也會明顯增加[19]。

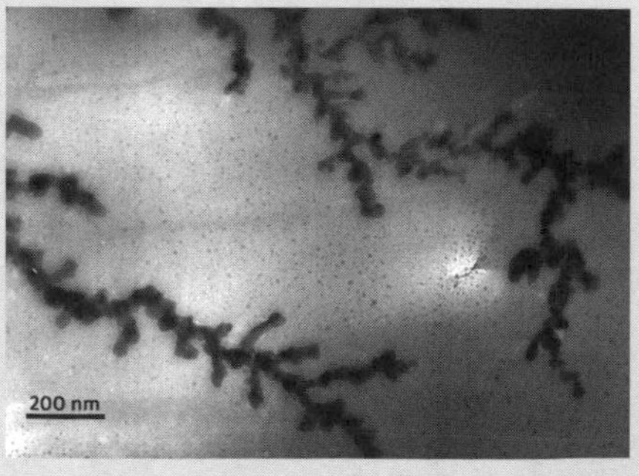

▲ 鋰離子電池中會出現樹枝狀結晶，不僅會降低電池效能，還會增加火災風險，非常令人頭痛。

最重要的是，蘋果會製造電動車，也就是一直出現在新聞上的Apple Car。綜合各方消息，Apple Car將於二〇二五年前後出現。不過照目前技術發展速度來看，到那時候，應該很難出現完全的全固態電池，也就是說，至少在Apple Car第二代或第三代，依然使用目前的鋰離子電池的可能性較高。不過，無論搭載哪種電池，只要 Apple Car 一推出，肯定會賣出驚人的銷量。而且到時候，其他公司說不定也會跟上，就像 iPhone 剛推出的時候一樣，搞不好三星電子會推出 Galaxy Car，小米則推出 Mi Car。

提出未來趨勢是有原因的。這些公司想要使用者的時間，比方說，用戶使用 iPhone 通話，利用 iPad 上課或創作，使用蘋果電腦處理業務，駕駛 Apple Car 到處走。所有公司都夢想，自己的用戶能把時間花在自己建構的生態系裡，這也是為什麼現在急需電動車或自動駕駛汽車科技。

可想而知，Apple Car 一定會很貴，但大家還是會買。蘋果用戶對蘋果產品情有獨鍾，更重要的是，在同一個生態系裡，產品共用非常方便。假設你要從首爾到釜山，你可以交給 Apple Car 的自動駕駛系統，同時用 iPhone 閱讀財經新聞，也就是說，整趟交通時間都可以充分利用；甚至，Apple Car 還可以像祕書一樣，整理關於釜山的各種資訊後，傳送到你的 iPhone 裡，你只要參考相關資訊，好好享受即可。

蘋果執行長提姆．庫克（Tim Cook）便曾說：「你的喜悅不在遠方的目的地，在旅程中的此刻，就享受吧！」

小故事 4

蘋果無人車，會長什麼模樣？

我認為，蘋果這間公司會將現有技術修改到近乎完美的程度。其實，真正創新的技術，幾乎沒有一項是由蘋果率先研發的，智慧型手機亦非蘋果開發而成。Apple Car 雖然有完美俐落的外型，以及濃濃的「蘋果味」，讓全世界數千萬人不禁打開錢包，不過，這也不是全球第一輛自動駕駛汽車或電動車；而且，接下來要介紹的 Apple Car 專利，其實很多早就有人想到了：

1. **隱藏使用者介面（user interface，簡稱 UI）**：正確來說，Apple Car 的 UI 放在非常不顯眼的地方。像是在椅子或車門等地方設置按鈕，在按下或觸摸後才會出現隱藏的觸控面板等，這是為了提升製作與設計的完成度[20]。

2. **擴增實境（augmented reality，簡稱 AR）顯示器與沉浸式顯示器**：在移動的車子裡展示虛擬實境或擴增實境[21]，會讓人看得很暈，所以他們正在開發搭配汽車或乘客的移動速度即時調整的顯示器。這也可以應用於不同用途上，比方說，經過市中心時，就呈現出樹木緊密排列的林蔭大道；不過，還有安全問題及相關法規的限制需要克服，所以能不能啟用還是個未知數[22]。

3. **動態隱私：**Apple Car 上的感測器會分析各種資訊、即時調整車窗遮光度。車窗遮光度越高，到了晚上就更危險，尤其在下雨天或起濃霧等天候狀況不佳時，發生意外的可能性更高。不過，Apple Car 會自動調整遮光度，所以不需要擔心；晚上會降低，白天會增加，這樣能保護隱私，是非常受到大眾矚目的功能[23]。

4. **抬頭顯示器（head-up display，簡稱 HUD）：**從開車時需要的資訊到各種內容，只要是乘客需要的，都會以全像投影的方式呈現。在用

▲ 概念創作者 LetsGoDigital 設計的假想 Apple Car，這是 Apple Car 未公開的概念車，預期將在 2025 年正式問世。

戶親自駕駛時，HUD就會呈現時速表或地圖等，而由自動駕駛系統開車時，則會播放電影給乘客觀賞。

只要是開過長程路線的人就會知道，開車是多麼無聊又累人，如果在那段時間，能做點更有生產力的事或徹底享受，那該有多好？如果做到了這件事，就達到蘋果真正的目標：在旅程中享受喜悅。當然，若要成真，自動駕駛系統也必須夠完美[24]。

5. 狀況辨識系統：簡單來說，就是掌握周圍汽車位置並應對，其實，我不太清楚這跟特斯拉或現代汽車的自動駕駛系統差了多少。不過，我很確定的是，蘋果在自動駕駛系統領域下了非常多功夫[25]。

二〇二一年二月，彭博證實蘋果正與製造自動駕駛使用的感測器，尤其是使用雷射來掌握周遭環境的光學雷達（light detection and ranging，簡稱 LiDAR 或光達）相關製造公司接觸中。報導刊登後，報導中提及的光達公司——Luminar Technologies 和威力登（Velodyne Lidar）的股價急速攀升。不過，彭博對蘋果是否能製造出優良的自動駕駛系統表示懷疑，因為 Apple Car 的核心開發者之一的班傑明．里昂（Benjamin Lyon）已離開蘋果[26]。

6. 氣候調節系統：Apple Car 會調整溫度和溼度等條件，讓乘客感到更舒適。其實，最近推出的汽車普遍都具有這種技術，會配合外部氣溫調整汽車內部，太熱時就開冷氣，太冷時則啟動加熱功能，不過，Apple Car 會測量乘客的體溫，做更細膩的調整，不知道這樣的功能會有多大的競爭力[27]？

目前為止介紹的專利都只占了一小部分，截至二〇一八年，Apple Car 就擁有兩萬五千項專利[28]，二〇一四年起，光是自動駕駛系統、電池、雷達、自行控制等相關專利，蘋果便取得超過兩百項[29]；也就是說，我們無法得知他們將使用的，是數百個專利中的哪一個。可是，如果能仔細了解那些專利，儘管不正確，至少能描繪出大略的藍圖。

究竟 Apple Car 能否成功步入汽車市場，重現 iPhone 的榮景？還是會成為一個蘋果的失敗案例？這要等 Apple Car 出來後才能知道。有些人悲觀的認為，在市價總額達到兩千五百兆韓元的產業中，很難讓消費者立刻買單、購買別的品牌推出的新商品。

不過，我覺得 Apple Car 會像蘋果先前推出的各種電子產品一樣，以蘋果獨特的魅力和近乎完美的完成度，刺激人們消費欲。當然，我也希望你能明白，蘋果這些過於昂貴的商品，就是所謂的炫耀財（按：物品價格越高，消費者越能展示身分），但也不可否認，這的確是蘋果的賺錢之道。

小故事5

電動車的最大競爭者，氫動力汽車

二〇二一年十月，這本書快要完成的時候，特斯拉的股價是一千美元左右，一月的時候大概是九百美元，在經過幾次調整，衝破最高點後，再次創下歷史新高，換算成市價，大概超過一兆美元，登上汽車公司的霸主寶座，這個數字是豐田的四倍以上、現代汽車的二十倍以上。

如果去問路人：「現代汽車能變得像特斯拉那樣嗎？」會給我肯定答案的人應該不多，因為現代汽車曾經推出「黑歷史」車款Kona Electric，導致大眾對現代汽車的技術與穩定性越來越不信任（按：於二〇一八年四月推出，卻接連發生火災意外，現代汽車認為起火原因是電池瑕疵，提供電池的LG Energy Solution則強烈反駁；不過，在召回過程中發現更多電池瑕疵，導致該車款在二〇二一年四月，以「現代火燒車」的臭名消失於市場上）。

其實，就算沒有這件事，現代汽車從以前就一直聽到使用者的各種酸言酸語，更重要的是，很多人覺得現代汽車缺乏像特斯拉那樣的創新。

當然，這間公司本身沒有問題，能製造出優良的汽車，只是，特斯拉是改寫市場版圖的公司，所以兩者差異很大。

這麼說來，現代汽車該怎樣，才能成為遊戲規則改變者？也許答案在於氫動力汽車。當然，這不是在說目前現代汽車推出的電動車都很糟，相反的，其實非常好。我曾經搭過現代的電動車IONIQ 5，設計非常漂亮，內部和外部都很精緻，駕駛效能也很優秀。

雖然不能說完全沒有缺點，但以現代汽車的條件來說，已經算很好了，是一輛很精緻的電動車。不過，如果要從IONIQ 5和特斯拉的Model 3中選一個，大部分的人應該都會選擇後者。這代表在電動車及自動駕駛汽車市場中，特斯拉的品牌力量就是如此強大。

不過，如果現代汽車想要攻占高消費族群，勝過德國汽車業者的可能性也不大，此外，國際市場上中低價的電動車很可能已經被豐田全包。

到最後，現代汽車唯一的辦法，就是讓氫動力汽車走向商業化並廣為宣傳。以技術層面來說，現代汽車比

▲現代汽車最具代表性的氫動力汽車NEXO。2018年上市後，截至2021年，已經在全球賣出2萬輛以上。

其他汽車公司更為優秀；而且，最近許多相關的研究不約而同的出現，再加上政府的穩定支援，此外，這也符合保護環境的理念。

儲存在汽車裡的氫氣接觸到大氣中的氧氣後，會產生電子和水；在這個構造下，化學物質本身就是電池，所以比一般電動車更環保。二〇一三年現代汽車成功量產全球第一輛氫動力汽車，帶著「將改寫汽車歷史」的魄力，大規模投資氫動力汽車[30]。

氫動力汽車並非透過燃燒氫氣產生能源，而是氫氣與大氣中的氧氣接觸後，產生化學反應後製造出電流，藉此讓馬達運轉。在這個過程中，協助將化學能轉換成電能的就是燃料電池。順帶一提，氫動力汽車使用的氫氣，跟氫彈使用的氫氣完全不同。

氫動力汽車比大眾所想的更安全，我這麼說並非毫無根據，而是參考了非常多文獻資料，也親自詢問過KAIST教授鄭延植。

每次說到氫動力汽車的好話，就會有人懷疑我是不是收了政府的錢、幫忙宣傳，所以我也想提出氫動力汽車的缺點，其中，最大的問題就是價格；氫動力汽車的價格，取決於燃料電池的價錢。

想要大量生產燃料電池來降低價格也不容易，因為核心的催化劑，也就是占成本最大比例的白金，價錢也持續上升。這麼說來，他們應該要開發出能使用其他催化劑，或是少放白金、還能維持效能的技術，但這件事非常耗時。不過，最近我聽到好消息，鄭延植和其研究團隊於二〇二〇年十月，在期刊《自然通訊》（*Nature Communications*）上發表比白金效率好上二十倍的催化劑[31]。他們使用銥（Iridium，化學符號為Ir）來製造立體催化結構，成功提高效率。

那麼，是否只要解決價格問題，未來就是氫動力汽車的天下？我無法立刻回答此問題的主因，是加氫站。**簡單來說，想讓氫動力汽車主導汽車市場，必須蓋很多加氫站，但目前仍缺乏基礎設施。**

以韓國的情況來看，目前政府經營的氫氣經濟委員會已定下目標，要在二〇四〇年前，提供六百二十萬臺輛動力汽車、設置一千兩百間加氫站。現代汽車會長鄭義宣則對此表示：「韓國在建構氫氣社會這方面，領先其他國家。」[32]

截至二〇二〇年二月，韓國共有一萬一千四百八十一間加油站，所以，如果要設置一千兩百間加氫站，就等於是加油站數量的十分之一，因為不可能所有人都突然購買氫動力汽車，所以以潛在用戶人數對比加氫站數量，似乎還算夠用。

但問題還是在於信賴度及便利性。二〇二〇年八月報導顯示，目前設置的加氫站中，一半以上都尚未啟用，假設忠清北道清州或忠州附近的加氫站故障，就得開上高速公路，繞到京畿道驪州或安城才能使用[33]。一旦對加氫站的體驗變差，消費者怎麼會願意等到設置一千兩百間加氫站的時候來捧場？

生產綠氫，打造「氫氣社會」

不過，為什麼韓國還是致力於創造一個「氫氣社會」？首先，現代汽車無法放棄目前領先眾人的技術。根據鄭延植的說法，汽車公司其實都在開發氫動力汽車，也就是說，相關市場一旦越過臨界點，競爭就會突然變得很激烈。

這麼說來，在目前市場上保有領先地位的現代汽車，只要能守住技術優勢，也許就能成為遊戲規則改變者。當然，這不表示現代汽車的氫動力汽車的技術很完美。不過，無論是哪種技術，在全新開發及供給的過程中，一定會面臨成熟度問題。就像三星電子順利解決Galaxy Note 7的起火問題一樣，對現代汽車來說，Kona Electric的火燒車事件也可能會是轉禍為福的關鍵。

此外，氫動力汽車非常環保，雖然同樣也不到完美的地步。氫動力汽車使用的氫氣，並不是直接從大自然中採集，而是燃燒化石燃料製造而成，所以有人批評：「氫動力汽車只是看起來很環保罷了。」這個說法，目前還算正確。

氫氣有幾種生產方式，若在化石燃料中放入催化劑——煤炭——後高溫加熱，可產出灰氫；各種工業製程的副產物重組可獲得藍氫；利用陽光或分解水分子則能產出綠氫。如果要保護環境，就要提升綠氫的比例。

不過，目前綠氫只占整體的五%。可是歐盟（EU）正積極鼓勵生產綠氫，計畫在二〇三〇年之前，要建構五吉瓦的氫氣生產設備，並在二〇三五年前建設十吉瓦的氫氣生產設備[34]，也就是說，此後便能名正言順的推廣氫動力汽車。

二〇二〇年六月的《美國化學學會應用材料與界面》（*ACS Applied Materials & Interfaces*）上，有一個有趣的相關研究[35]。俄國研究團隊研發出新的二維材料，能從受汙染的水和鹽之中製造出氫氣，報告說，一平方公尺大小的材料，每小時能製造出〇．五公升的氫氣。

儘管裡面含有昂貴的白金，萃取的氫氣量也不多，但這只是一份初期研究。實際上，同年十月在《自然能源》上也有研究指出，金屬和水中的氧氣結合程度，將決定獲取的氫氣量[36]。這就是能提升氫動力汽車效率的蛛絲馬跡。現在，提

▲ 德國最具代表性的綠氫生產設施 Energiepark Mainz，利用風力發電的電力來分解水，進而生產氫氣。

升氫氣生產力的相關研究正陸續出現，代表氫動力汽車普及的時間也逐漸拉近。

我曾經厚臉皮的問鄭延植：「如果你的家人說，要購買氫動力汽車相關股票，你會鼓勵他們投資嗎？」鄭延植教授說：「如果是著眼於成長潛力來投資，當然很有吸引力啊！」換句話說，就是現在很難立刻出現成果的意思。

本書所介紹的技術，並非只是往後一、兩年，而是往後十、二十年的技術。說實在話，大部分現今受關注的技術都是這樣。二〇〇六年，特斯拉量產第一輛電動車時，美國媒體都嘲笑，說這是目前業界最失敗的舉動。這樣說來，氫動力汽車現在被羞辱，也可能是同樣的狀況。

因為目前沒有明顯的成效，所以會引來負面評價，不過，我們還是可以保持開放的心態。馬斯克的左右手、特斯拉首席技術官史特勞貝爾（J.B. Straubel，現以離開首席技術官的職位，擔任特斯拉高級顧問）說：「想製造電動車的欲望，不是突然冒出來的，人們很容易忘記，他們過去曾覺得電動車是地表最爛的生意點子。」

2 LG半導體失利，靠熱電元件進軍新事業

在二〇一八年，有個公司比蘋果和谷歌賺更多錢。當時，谷歌的母公司 Alphabet 的利潤達到三百零七億美元，為全世界第四；三星電子則以三百五十一億美元，達到第三名；而蘋果以五百九十四億美元，坐上第二名的位置。

不過，第一名公司的利潤，竟然比三星電子和蘋果加起來更多，高達一千一百一十一億美元[37]，在二〇二〇年，利潤依然維持在世界第一[38]。竟有公司的利潤，比一條充電線賣到幾萬韓元的蘋果更高？那間公司，是沙烏地阿拉伯的石油天然氣公司——沙烏地阿拉伯國家石油公司（Saudi Aramco，簡稱沙烏地阿美）。

聚集全球精英人才的谷歌、蘋果和三星，都輸給這間掌控能源的公司，這就是能源的威力。你可能會問，我為什麼不提半導體，突然在講能源？其實，半導體與能源密不可分。

沙烏地阿美的主要產物——石油，其能源效率其實不佳。就算車子已經加滿油，實際用在駕駛的能源只有二〇～三〇%，其餘的能源都化為熱能、消失了。那電動能源又如何？雖

然效率比汽油高了兩、三倍，仍然有大量能源被消耗掉。

因此，研究人員齊聚一堂，努力發想解決此問題的點子。舉例來說，人在活動時造成的衣服摩擦力，能拿來發電嗎？大氣中的水分呢？汽車或其他電器消耗的熱能呢？其實，背後真正的問題就是：能源究竟能不能重新蒐集？仔細想想，這是一個很龐大的市場，也符合現代人被教導的節約用電觀念，而這就是一九五四年，貝爾實驗室第一次提出的能源蒐集概念；關於能源蒐集，我會在第三章做更深入的討論。

一段時間後，二十一世紀的一間韓國公司 LG Innotek 提出具體成效。他們研發出將熱能轉化為電能，再將電能轉化為熱能的熱電元件。二〇一八年六月，LG Innotek 宣布成功開發熱電元件，正式進軍新事業[39]。

LG Innotek 製造出的熱電元件是冷卻裝置，也就是通電後，一邊會變熱，一邊會變冷，也被稱為帕爾帖效應（Peltier effect）。能運用在生活中的電器就是冰箱，熱電元件的尺寸很小，也能降低噪音，適合獨居消費者的小型家電市場。實際上，LG Innotek 的熱電元件技術也同時在高階家電產品品牌 LG Objet 上啟用[40]。

▲ LG Innotek 研發的熱電模組。由熱電元件、散熱板、散熱風扇構成，能處理冰箱的壓縮機（compressor）。

當時預估五年後的銷售量，將會達到兩千至三千億韓元，由此可見他們對熱電元件的期待有多高。

但在二〇二〇年一月，卻有消息傳出，LG Innotek 即將收掉冰箱零件事業[41]，甚至有人形容該事業本身為一個錯誤。該事業的成長並不如預期，短短兩年內就難以維持，因為儘管技術很好，但用在家電產品上仍過於昂貴。儘管如此，這也不代表熱電元件沒有市場。

印度的市場調查公司 MarketsandMarkets 預估，熱電元件市場將在二〇二六年達到八億七千兩百萬元美元[42]，雖然不算非常大，但仍是不能小看的規模。其實關於熱電元件的研究，在最近有突然增加的趨勢。二〇二〇年六月，UNIST 研究團隊研發了被折疊或撕裂後也能自行恢復的熱電元件，並發表於期刊《能源與環境科學》（*Energy & Environmental Science*）上[43]，同年十一月，KAIST 也在期刊《奈米能源》（*Nano Energy*）上發表提升熱電元件效能的研究[44]。

熱能變電力，汽車公司也瘋狂的引擎發動技術

將熱能轉換成電能、或將電能轉換成熱能的概念依然管用，無論是用於能源蒐集或是像 LG Innotek 那樣應用冷卻的效果。其實市場調查機構 ID Tech Ex 比 MarketsandMarkets 提

出更大膽的期望值，他們認為二〇二四年之前熱電元件的市場將會達到五十二億美元[45]。

無論如何，市場都會逐漸擴大，因為我們一直在嘗試提升能源效率。其實光是在美國，**以美國國家航空暨太空總署（NASA）為首，哈佛大學、柏克萊加州大學（UC Berkeley）、麻省理工學院（MIT）等教育機構都正如火如荼的研究熱電元件。汽車公司福特（Ford）與通用汽車（General Motors），也在研究將熱能轉變為電能後啟動引擎的技術。**

歐洲正以德國應用科學技術研發組織佛勞恩霍夫研究院（Fraunhofer-Gesellschaft）、賓士、BMW、福斯（Volkswagen）等汽車公司為中心進行相關研究。日本科學技術振興機構、電子零件專業製造廠村田製作所、重化工業產品製造公司小松製作所、山葉（YAMAHA）、松下電器（Panasonic）等也在做相關開發[46]。

全世界正如此積極開發熱電元件，原因很簡單，重新使用四散的熱能是免費的。這個過程能解決發熱問題，也能提升一般電子產品的冷卻效能，還能開創出一個名為能源蒐集的全新領域。

現在，研究熱電元件的公司似乎都很有幹勁，不過，要懂得持續挑戰才會有成果，失敗並不是終點，那只不過是其中一個途徑。在二十年前，大家都在心裡認為馬斯克只是愛幻想的人，他把用PayPal賺來的錢花在沒什麼用途的地方，真的很怪。不過，現在大家又怎麼想？他搶得電動車與自動駕駛汽車市場的先機，現在正準備進軍太空產業，以電動車能源創新作為踏板，爬到現在的位置上。

我認為，下一次的能源創新，就著重於熱電元件與以此為基礎的能源蒐集。馬克斯說：「如果你認為某個東西很重要，那麼就算現在的可能性無法令你滿意，還是要去執行。」

半導體，下一個劇本

LG的祕密武器：捲軸顯示器

將熱電元件接在冰箱上，是LG的黑歷史，但這不表示熱電元件的技術就此消失。捲軸（rollable）顯示器也是一樣，LG雖然放棄了智慧型手機的事業，但捲軸顯示器可以運用在各個地方，代表LG仍有機會扳回一城。

3 怪物晶片，讓你預見幾秒後的未來

二〇二一年問世的iPhone13系列，搭載五奈米製程的A15仿生AP晶片。這一個小小的半導體裡，有一百五十億個電晶體，效能好到不用多說。二〇二〇年推出的iPhone 12系列，搭載A14仿生AP，裡面有一百一十八億個電晶體。僅僅過了一年的時間，電晶體的數量就增加到三十二億個之多。光看數字，A15仿生的效能，就完勝所有現有AP。就算想省錢，這個驚人效能還是會讓人再次打開錢包。

半導體的效能取決於裡面放進多少電晶體，現今世上最強大的超級電腦，也就是日本的富岳，一秒可以執行四十四京又兩千兆次（按：一京為10^{16}，一兆的一萬倍）的運算。如果富岳的大小有地球這麼大，會怎麼樣？少說一秒鐘就會執行十的三十三次方的運算，而人一生會執行十的二十四次方的運算，也就是說，超級電腦的一秒鐘就比人的一生更長。

按照這樣的計算方式，目前為止生存在地球上的所有人類，他們一秒鐘能做出的運算是十的三十五次方，超級電腦則只要一百秒就能執行[47]。

當然，這是非常極端的案例，但這跟提升整合度有類似的地方，因為CPU或AP裡裝越多電晶體，計算就越接近人類的想法。這就是模擬宇宙論的基礎構想，也就是說，文明高度發展的外星生命體，開發了效能龐大的超級電腦，而我們則是那超級電腦執行出的模擬的一部分。

假設現在這世界真的是模擬的好了，那肯定有一位創世主，也就是設計並啟動模擬的某個存在。不過，要一一管理超過七十億名虛擬人物應該很困難，所以大部分應該會交由AI管理。要執行這種程度的作業，運算裝置肯定非常巨大，因為要盡量放入越多電晶體越好。

我們使用的超級電腦，會連接好幾個專門執行複雜運算的GPU，也就是圖形處理器，來解決此問題。不過，如果是這樣，數據從一個GPU移到另一個GPU很花時間，勢必會發生

▲ 現今最強大的超級電腦富岳。研發費用超過 1 兆韓元，以計算「打噴嚏時，新冠病毒會如何散播」而聞名。

瓶頸期（按：事物在變化發展過程中，因無法改變自身條件和外部環境的情況下，而產生的一個停滯時期）而降低速度。

這麼說來，不是製造一個巨大的GPU就行了嗎？話說得容易，實際做起來可不是普通的難。現今製造半導體時，主要使用十二吋（三百毫米）大小的晶圓，等於面積約七萬一千平方毫米，只要有一粒灰塵掉在上面，就會產生瑕疵。簡單來說，即使只是一粒灰塵的意外，那片披薩就必須重新製作，所以，如果只顧著增加尺寸，失敗的機率會變得非常高。

不過，美國新興半導體公司Cerebras解決了這個問題。前面提到蘋果最新的AP，也就是A15仿生裡裝進一百五十億個電晶體，但Cerebras製造的半導體WSE-2裡有兩兆六千億個，幾乎有平板那麼大。

這樣還可以說是半導體嗎？我們一般認知中的半導體，體積都很小，但WSE在各個方面似乎都突破了半導體的界線，比目前最大的GPU還大上五十六倍，核心多了一百二十三倍，快取記憶體多一千零二十四倍，頻寬則達到一萬兩千八百倍[48]。簡單來說，它比現有的任何半導體體積都更大、效能更強。目前已經有模擬技術，

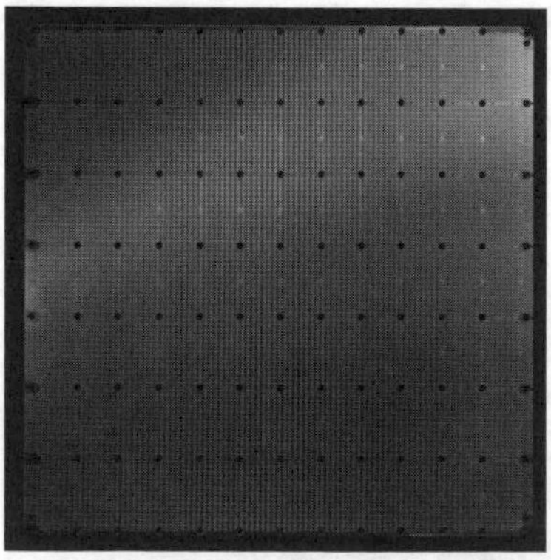

▲ Cerebras的WSE-2，是用一個晶圓製造出一個半導體，跟只有信用卡3分之1大的NVIDIA A100相比，就能明白其體積之龐大。

正使用前一版的 WSE 來探索宇宙的祕密49，不曉得這種效能的半導體如果商業化，會解決多少難題。

當然，這幾乎不可能商業化，而且，商業化之後收益率也令人擔憂；就算費盡千辛萬苦製造出一個巨大的披薩，也不可能取代每次都能完美製造的一般小披薩。再加上，如果要製作這麼大的披薩，就必須重新購置製作過程需要的所有工具，方法也會複雜許多；尤其，封裝製程肯定會非常困難，要配置電線讓電流流通，也要設置各種設備，避免受到外部衝擊而毀損，這並不容易。

此外，散熱也是一個問題。一般家用或辦公用電腦搭載的 CPU，頂多只會上升到七十度左右，但巨大的 WSE-2，溫度會不會高到可以把肉烤到微焦？此外，我們也無法預估該如何設置冷卻裝置。只要考量到這些狀況，就可以想見商業化後，此商品的價格一定會飆升到天文數字。

不過，WSE-2 吸引人的點是，它很有可能會化解我們目前為止都無法解決的各種難題。我喜歡的漫畫之一《航海王》，裡面有一項角色技能叫「見聞色霸氣」，這個技能讓你能讀到敵人的動靜，只要用這個技能好好鍛練，甚至能預見幾秒後的未來。

如果繼續研發像 WSE-2 這種怪物半導體，也許就能將模擬技術推展到極限，而且很有可能，我們也能預測幾秒後的未來，像是精準的猜出把最小的球抛到頭頂上後，球會落在哪裡。Cerebras介紹WSE-2時，說道：「我們的半導體，能夠比物理法則產生的結果，更快說出未來會發生什麼事。」

半導體，下一個劇本

深度學習，讓人工智慧成為你我的老師

AI正如其名，就是人工智慧。如果只是純粹記錄資訊、快速計算，並不能說是智慧。要在各個狀況中，運用學習過、體驗過的知識，推論並分析因果才行，而說到這裡，就不能不提到機器學習（machine learning）與深度學習（deep learning）。如果說機器學習是AI依據演算法來學習，那深度學習就是AI能判斷並調整學習結果；能夠處理龐大資訊，再加上高水準的學習能力，讓AI克服人類無法解決的難題。

4 物聯網時代的主角，是感測器

從一九五九年至二〇〇八年內發行的一美分硬幣，背面都刻有林肯紀念堂（Lincoln Memorial）的圖樣。如果看仔細一點，會發現柱子正中央有亞伯拉罕．林肯（Abraham Lincoln）的坐像，不過，看下頁照片會發現，上面好像有什麼東西。

乍看之下，像是USB的這個裝置，長度約為一百微米，差不多是頭髮的厚度。很驚人的是，這裝置正在發光，裡面有MOSFET，這到底是什麼？研發此裝置的康乃爾大學（Cornell University）研究團隊說：「這是能讓矽基板的電子裝置與LED連結起來的一百微米大小封裝。」簡單來說，就是元件。

人的肉眼能看的界線值，就是一百微米，如果頭髮太細，我們什麼都看不到。不過，當時他們就已經開發了這種大小的元件，甚至大量生產。如果元件這麼小，就能在半導體上放很多個，而實際上，研究團隊也成功在長寬皆為一公分的半導體上，放上數千個元件，簡直可被譽為一個最精細的博物館。這成果於二〇二〇年三月發表在《美國國家科學院院刊》（*Proceedings of the National Academy of Sciences*）上[50]。

這個小元件，可以用在非常多地方，從太陽能電池、半導體到LED都適用。更棒的是，它能大量生產。這其實是在研究初期就很明確的目標：「非常多人想要親手接線，製造出小機器，但這樣絕對無法製作超過數百萬個。我們認為，若無法製造超過一百萬個，那就沒有價值。」

也就是說，雖然體積偏大，但這元件的主旨是要大量生產。如前面所述，在半導體產業中，一切都攸關成本，在實驗室裡可以失敗九十九次，只要成功一次就行了；不過，在工廠裡不能這樣。基於此原因，我認為開發一百奈米的元件，是非常有價值的研究。

當然，這過程並不容易。研究團隊為了把LED放在這元件上，吃了很多苦。LED並非單一元件，而是有砷化鎵等材料。在這次研究中，據說他們甚至使用超過三十種材料。如

▲ 康乃爾大學研究團隊開發的超小型元件，裝置名稱為OWIC（Optical Wireless Integrated Circuits），又稱為光學無線IC。正如其名，以光啟動、以無線傳遞，並接收訊息。

果想要好好配置這些材料，讓彼此相互作用，製程一定會變得更加複雜。

研究團隊表示，實際上，以光阻（按：經過紫外光、深紫外光、電子束、離子束等光照或輻射後，溶解度發生變化的耐蝕刻薄膜材料）畫出迴路的微影製程，就重複了超過十五次，整體製程重複一百次以上。簡單來說，就是將一幅畫分成十五層，每層都用水彩、色鉛筆等三十種以上的美術工具，畫了超過一百次。就算不清楚其原理，我們也可以大致理解，這個過程的難度超乎想像。

這麼說來，這個小元件有什麼用途？簡單來說，它能在探索周圍環境後，將那裡的資訊傳遞回來，等同感測器的角色。而且正因為這個感測器的體積很小，所以能用於各種領域，包含神經科學、奈米技術、化學感應等。

有趣的是，使用微量滴管（pipette，一種實驗室器材，專門用來量測液體體積，並將其吸取以滴入其他容器）就能移動，所以在實驗時非常方便，而且更重要的是，它的效能很好。這元件加上將光轉換成電能的元件「太陽能光電」（photovoltaics），以及扮演開關角色的MOSFET，就能組成發光的LED，所以能非常準確的測量電子移動度，幾乎沒有誤差。

光是想到一百奈米這種大小，就知道這個結果很驚人了。研究團隊就是為了廣泛利用這個元件來賺大錢，才會開公司，因為他們對此元件非常有自信。至於是否能真的賺到錢，就要靜待觀察才能知道，但至少對於該技術，我們必須給予肯定。

你用的每一個產品，裡頭都有感測器

來問個更根本的問題好了：究竟什麼是感測器？我之所以花這麼多力氣說明感測器，是因為感測器就是物聯網的核心。特斯拉的自動駕駛汽車就是最好的範例。雖然他們的水準還不夠高，但已經搶先占有市場，無論是技術還是使用者滿意度，特斯拉都已經達到他牌自動駕駛汽車趕不上的程度，這種創新可與iPhone相比。

特斯拉的主要競爭力在於，他們比其他自動駕駛汽車放了更多感測器。當然，最近研發的大部分汽車都有感測器，在KEIT公布的《智慧型奈米領域產業趨勢》報告中，截至二〇二〇年，每輛汽車平均有三百個感測器[51]，因為將壓力、溫度、溼度、加速度等物理數值，變成電子訊號或數據的感測器需求大幅增加。

不僅是汽車，日常生活中頻繁使用的助理軟體Siri或Google助理，其核心都是捕捉聲音的感測器。你應該也有過，無意間發出的聲音啟動了Siri或Google助理的經驗，這功能被稱為always-listening，最近新推出的智慧型手機都是如此。蘋果甚至還更進一步，把只會放在自動駕駛汽車的雷達，放進某些產品裡，那些也都是感測器，因為能辨識周遭空間，所以能用於安排虛擬家具等用途上。

我們身邊有這麼多感測器，二〇一八年韓國最頂尖的國家研究機構之一的韓國電子通信研究院（ETRI），在《汽車型感測器技術趨勢》中提到，在全世界人口達到七十二億人時，平均每個人被一百四十個感測器包圍[52]。十年內，全世界感測器的需求，有望超過一兆個[53]。

明明我們身邊有這麼多感測器，但我們卻沒有發現，就是因為它太小了。最近，感測器產業也配合半導體產業的大趨勢，著重於縮減體積，現在的競爭已經來到奈米單位。這些小元件綜合起來後，可稱為微機電系統（Microelectromechanical systems，簡稱MEMS）。

MEMS市場年平均成長率達到九．八%，感測器產業的未來可說是一片光明。MEMS市場最受關注的半導體公司，是美國樓氏電子（Knowles），目前全球市占率達到四二%[54]。

很可惜的是，韓國在感測器這方面還很落後。全世界的產量中，美國占了三二%、日本占一九%、德

▲ 汽車使用的各種感測器與車用半導體。

國占一二%、韓國頂多只有二%。二〇一六年，兩百九十九間感測器公司當中，有七五%是中小企業，營業額低於一千億韓元的公司為八八．六%，規模都非常小，大部分的技術也很弱，頂多就是將進口的元件封裝，所以，政府可以更積極的投資在感測器產業上，幫助中小企業成長。

半導體，下一個劇本

夢境，是最當紅的廣告市場

最近，越來越多公司開始對我們的夢境「虎視眈眈」，希望能潛入潛在客戶睡覺的無意識片刻，投放廣告。從MIT到微軟（Microsoft），許多研究機構和公司都正在挑戰並獲得具體成果，再加上，我們身邊充斥著許多傳遞廣告的媒介；其中最具代表性的大概是滿是感測器的智慧音箱，光是美國，就有一半以上的人口在使用智慧音箱。這算是創造出新市場嗎？還是一種名為「床鋪商機」的威脅？

5 實現全像投影，得靠 5G 毫米波

一九七三年，在紐約的某個街頭，創下了第一次透過電波傳播人聲的歷史，傳遞的話是：「喬（Joel），我是馬丁（Martin），我現在正用手持的行動電話跟你講電話。」

行動電話的第一個使用者、在歷史上留名的那個聲音，來自摩托羅拉（Motorola）研究員馬丁．庫珀（Martin Cooper，又被稱為行動電話之父）。他看到科幻影集《星艦迷航記》（*Star Trek*）裡，外星人利用攜帶型通訊機器來聯絡後，便著手開發行動電話。結果，重達一公斤、長達二十五公分的第一臺行動電話 DynaTAC 8000X 問世了。

▲手上拿著第一臺行動電話 DynaTAC 8000X 的庫珀。

在一八五四年，義大利發明家安東尼奧．穆齊（Antonio Meucci）研發第一臺電話機之後，過了

一百二十多年，庫珀改寫了通訊的歷史；之後，大概過了二十年左右，正式開發出能收取並傳送文字與電子郵件的2G通訊，再過十年，3G開始在韓國普及。技術發展速度逐漸加快，四年後，則出現撼動世界的創新商品——iPhone。

iPhone問世一年後，二〇〇八年六月，某個網路社群上出現了非常有趣的文章[55]。在〈手機至少要變成這樣〉的標題底下，作者寫下許多對手機的期待，他說，要有兩千萬畫素的相機、四吋的LCD螢幕、MP3播放功能、可攜式多媒體播放器（portable multimedia player，簡稱PMP）、電子字典、地圖、鐵路路線、飛機路線等各種便利的功能，還要長時間不間斷收看影片等。

以當時的技術來看，簡直就是天方夜譚，尤其是隨處收看影片這件事，這不僅關乎終端機的效能，還有通訊網的問題，怎麼想都不可能。也許就是因為這樣，底下的留言都是各種嘲諷：「你乾脆帶筆電出門算了！」、「螢幕超過四吋，還算行動電話嗎？」、「不要一直看影片啦！」

不過，這篇文章上傳沒多久，4G通訊就開始商業化，改善3G的慢速及低數據傳送量。現在不論去哪裡，都能順暢的觀看YouTube影片，視訊通話完全不會中斷，下載應用程式也沒有問題，這就是革命性的變化。現在，我使用的智慧型手機螢幕就是七．六吋，可以看一百二十赫茲的影片，打開地圖程式，就能立刻看到全世界大部分地區。不過，對像我這種希望虛擬實境成真的人來說，4G還是太慢了。

二〇一九年，韓國是全世界第一個讓5G通訊商業化的國家，揭開新時代的序幕，不過，還是有很多人批評，這頂多只能算是半個5G，因為還沒有大幅感受到和4G的速度差異。理論上，5G比4G快二十倍，能同時連接的裝置也多了十倍，不過，幾乎沒有使用者在日常生活中體驗到這種效能。這麼想想，傳送龐大數據量來實現虛擬實境、全像投影等，現在還言之過早。

二〇二〇年二月，高通展示5G通訊模組使用的最新半導體，也就是Snapdragon X50-RF。這大幅改善既有的5G通訊的速度與數據傳送量，多虧了頻帶（band）能支援5G的高毫米波。這結果讓頻寬（bandwidth）擴大到八百MHz（百萬赫），每秒可傳送三・二GB的數據，比韓國的5G通訊足足快上六倍。

雖然可能會有人懷疑，這是不是在實驗室有限的環境中測量，或只是理論上產出的速度，但並不是這樣。全球最頂尖的網路速度評估公司Ookla實際蒐集使用者的數據，分析出的結果是，5G在各種環境中的最高紀錄是每秒可傳送三・二GB的數據，比4G快二十倍。簡單來說，他們成功實現了真正的5G通訊。

這麼說來，真正的5G通訊，也就是5G毫米波通訊，會怎麼改變我們的生活？不只是能不間斷的播放4K影片，還能在雲端剪接影片、享受高效能電玩，甚至實現高水準的虛擬實境與擴增實境。更重要的是，想享受這一切，你必須花的價格也會更加便宜。

在能容納超過六萬五千人的大型體育場內，只要設置八個天線，就能建構5G毫米波與通訊網。假如是4G通訊網，就要架設超過一百個天線，所以在架構通訊網方面，會省下非常多費用。現在美國四十多處的大型運動場，都已經設置5G毫米波與通訊網，預計往後將會持續增加。

而我之所以持續提到高通，如前面所說明，是因為**高通是5G通訊模組的半導體市場龍頭**。我過去拍過介紹5G毫米波與通訊的影

▲2020年硬石體育場（Hard Rock Stadium）舉辦超級盃，在容納人數達到64,767人的空間中，只需要8個天線就能建構5G毫米波與通訊網。

片，因此蒐集了各種資訊，在這方面比別人更清楚一些。在5G通訊時代來臨後，高通與相關公司的股票持續上漲，連蘋果都向高通舉白旗，三星在通訊領域也只不過是個挑戰者，高通早已穩坐寶座。

高通在二〇二〇年十月舉辦5G高峰會（5G Summit）預言，二〇二一年，以5G通訊連接的電子產品將超過十億個；二〇二二年，支援5G通訊的智慧型手機會超過七億五千萬臺；到了二〇二五年，以5G通訊連接的電子產品，將會超過三十億個。

研發5G毫米波與通訊，展現了他們絕對不會放棄這龐大規模市場的強烈決心。高通執行長克里斯蒂亞諾．艾蒙（Cristiano Amon）親自介紹5G毫米波通訊時就表示，在疫情時代，線上活動大幅增加，5G毫米波扮演了非常重要的角色。不管怎麼說，使用全像投影都會比平凡的視訊會議更為真實。

韓國最近也正加快腳步，讓5G毫米波通訊商業化。二〇二〇年十二月，韓國電信運營商LG U+與金烏工科大學合作，在校園內建構二十八吉赫（GHz）的5G毫米波通訊網。雖然技術還在測試階段，但仍舊是邁開了一步。

從過去歷史可以知道，**人類生活品質會隨著流通資訊量的多寡而改變，我敢斷言，不久後的變化，取決於5G毫米波通訊。**

在零下一百度，光纖通訊效能更好

我們不只使用無線通訊，其實，生活中體驗到的無線通訊，都很接近有線通訊的擴張，所以，提升有線通訊的效能也非常重要。最近使用的有線通訊，大部分都是光纖，而光的特性是，就算中間沒有放大訊號，也能更快速的傳送更多資訊。另外，近期開發出5奈米厚的冰光纖，由於非常薄，沒有結晶，比現在的光纖效能好上非常多，甚至還會彎曲。

6 最新半導體材料——量子點

我很常使用「我敢斷言」這四個字，當然，這世上沒有什麼事情是可以百分之百確定的，也無法保證事情走向會按照我所說的進行。只是，「我敢斷言」，現在我要介紹的內容，你應該都是第一次看到，或許有聽過名稱，但對概念還很陌生。因為，這個領域的研究並沒有非常有名。

但其實，在此領域最出名的公司，就是三星。連蘋果都是在二〇一八年，才第一次招募人才、進行這方面的研究。三星電子計畫以最快的速度，將這個技術運用到 Galaxy 上，晚一步出發的蘋果，提升完成度之後，將來應該也會將其應用在 iPhone 上。賣關子到現在，這到底是什麼技術？答案是量子點（quantum dot，把激子在三個空間方向上束縛住的半導體奈米結構）。

我在準備拍攝量子點介紹影片時，幸運的找到韓國研究學者所寫的最新論文，作者為釜山大學教授盧政均與美國洛斯阿拉莫斯國家實驗室（Los Alamos National Laboratory）研究員允亨鎮。我為影片撰寫大綱時，有幸親自和兩位長期研究量子點的學者交談。

量子點是最新的半導體材料，為一種奈米粒子。量子點的性質，是會隨著大小而發出不同的光，三星顯示器便利用這個性質製造出顯示器，成為你可能至少聽過一次的量子點發光二極體（QLED）。不過，現在很多號稱是QLED螢幕的顯示器，依然比較接近LCD，因為是以光照量子點，讓量子點依大小發出特定的波長光線。現有的QLED無法自行發光，所以那些都只是噱頭，為的是增加市占率與刺激買氣。

量子點真正的用處，是取代矽。老實說，類似的想法已經出現很久了。世上第一個研究量子點的論文，出現於二〇〇五年，由賓夕法尼亞大學（University of Pennsylvania）教授克里斯多福·莫瑞（Christopher Murray）與芝加哥大學（The University of Chicago）教授迪米崔·塔拉平（Dmitri Talapin）刊登在《科學》上的論文[56]。其實，現今韓國大部分研究量子點的學者，都是這兩位教授的同事或學生。

這麼說來，量子點到底能應用在哪裡？第四次工業革命的主角之一——穿戴式裝置，就用得上量子點。假設在現今販售的QLED中，卸去濾光片、電晶體、基板等裝有LCD的裝置，讓量子點搭配電子訊號自行發光，就能大幅縮減顯示器的厚度，而且除去各種堅硬的零件後，就能彎曲或折疊。

相關研究已經在二〇一七年八月，發表於材料科學領域的全球頂尖學術期刊《先進材料》（*Advanced Materials*）上，是韓國基礎科學中心研究團隊的成果[57]。

目前穿戴型裝置商業化的代表作，是 Apple Watch 和 Galaxy Watch 這類智慧型手錶。根據市調機構 Research and Markets 的報告顯示，這市場規模有望從二〇二〇年的五十五兆韓元，在二〇二一年增加到六十六兆韓元[58]。光是手錶型態，就能形成規模如此龐大的市場，由此可見，穿戴型裝置的可能性無窮無盡。

不過，要讓穿戴型裝置更便利，就必須開發新材料。矽像玻璃一樣易碎，所以無法彎曲或折疊，所以，如果要讓裝置可以穿戴，半導體就得像衣服一樣可以折。當然，已經開發出結合這種特性半導體的元件了，就是由有機物製成的有機材料，可惜效能並不好。

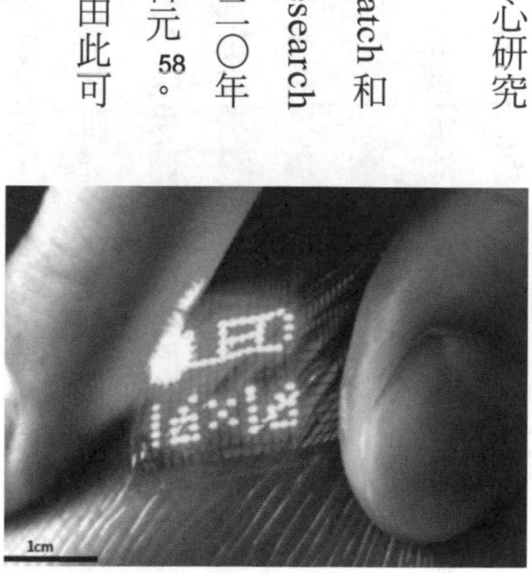

▲ 韓國基礎科學中心研發的量子點顯示器，厚度只有 5.5 微米，能當成穿戴型裝置。

有機材料取代矽，做出柔軟的半導體

在仔細觀察量子點之前，我們先來了解有機材料吧！我平常都會配戴 Galaxy Watch 3，還記得小時候聽說，未來可能會把電腦像手錶一樣戴著，結果在不知不覺間就成真了，真的非常神奇；而且，穿戴型裝置正從「戴」進化成「穿」，所以一定得夠柔軟。如果拆解一支智慧型手錶，你會發現在堅硬的PCB板上，放入以矽製成的堅硬半導體。在未來，這些東西都必須變得能彎曲。

不過，正如前面說過，矽就跟玻璃一樣，很難彎曲，所以研究員才會開始開發新材料——有機材料。

為傳達正確資訊，以下內容，我已經向該領域的全球權威——UNIST教授朴種範親自求證。

有機材料有很多優點，輕便、柔軟、透明、製程單純等。雖然效能還不及矽這種無機材料，但未來價值很高，充分值得我們嘗試，目前也有很多研究正在進行中。

其實，不僅是有機薄膜電晶體或有機記憶體等有機半導體，**最近受關注的軟性顯示器、可拉伸（stretchable）顯示器、透明顯示器等，都由有機材料製成。**隸屬於韓國大型財團韓華集團的能源服務公司Hanwha Solutions，現在正努力投資、研究的太陽能電池，其核心也是有機材料。

更重要的是，穿戴型裝置裡使用有機材料的地方就是電池。目前常用的鋰等金屬難以彎曲，一不小心還有爆炸的危險。不過，有機材料有望克服這類型的問題。LG經濟研究院用

「奇貨可居」來描述有機材料，代表現在雖然用不到，但應該要好好收藏，等到以後便能派上用場[59]。

這麼說來，市場規模有多大？朴種範說，可預期在二〇三〇年達到三千五百億美元的市場規模。當然，也可能比這更少，但可以確定的是，這將是一個很有價值的市場。

這麼好的有機材料，卻有一個致命缺點，簡單來說，其效能並沒有好到足以取代矽。假如說矽的電子移動度是一百、鍺（Germanium，化學符號為 Ge）是三百，一般的有機材料則為〇．一，數值低得誇張。

但有希望的是，朴種範與其研究團隊研發出提升電子移動率的平面有機材料。這研究在二〇二一年一月，刊登於《先進材料》上[60]。

研究團隊讓化學物質六氨基苯（hexaaminobenzen）和 PTK（pyrenetetraketone）產生化學反應，製造出名為 C_5N 的有機材料。C_5N 的電子移動度是矽的九〇％，連其他有機材料都難以相比。簡單說明一下 C_5N 的原理，就是把五個價電子的氮摻雜在四個價電子的碳裡，這麼一來，電子就會彼此結合，碳這邊會多一個電子，這個電子能自由繞行，便能提升電子移動率。

往後，不僅要合成電子移動度更高的新有機材料，同時還要研發能接合在半導體上的技術。另外，有機材料不耐熱，要先解決這個問題，才能用在半導體上。

前面說明了有機材料的優點，它相當適合作為穿戴型裝置，此外，價格也比較便宜。讀到這裡，想必你已經充分了解，價格在半導體產業中有多重要。有機材料跟矽這種無機材料不同，有機材料能溶在溶劑裡，如果當成墨水使用會怎麼樣？最近以色列電子供應商 Nano Dimension 與幾家其他公司正**利用3D列印製造PCB板，只要技術更成熟，說不定半導體也能靠印刷產出**，這麼一來，半導體製程就會變得單純許多，能省下製作費用。

但這並不表示，有機材料能完全取代無機材料。很確定的是，在很遙遠的未來，要求高效能的裝置裡，仍可能使用無機材料。不過，我們可以預見，有機材料將會廣泛的被使用在日常生活中可簡單使用的裝置上，比如分析各種健康資訊、指示感測器、檢驗各種化學物質的感測器等。

研究有機材料非常困難，等於是用橡膠製作半導體，所以許多研究學者挑戰到後來只能放棄。不過總有一天，一定能看見曙光。朴種範堅定的表示：「我的成長就像雜草一樣，不懂得放棄，只要開始就會做到底。」[61]

我之所以會花這麼多篇幅說明有機材料，就是因為量子點是有機和無機的混和材料。簡單來說，量子點是以分子單位合成有機物和無機物，所以同時擁有兩者的優點，也就是說，量子點能柔軟的彎曲，同時，電子移動度很高、也很耐熱，甚至會隨著是哪種有機物的合成，決定從n型變成p型，抑或相反。

不用重金屬、改用黃金的量子點迴路

前面說明過，從二極體到MOSFET，各種元件都由n型和p型的組合製成，不過如果有元件能自由自在的變化，元件的組成就會變得簡單許多。二〇一四年，高麗大學教授吳丞周攻讀博士時，在《奈米通訊》上發表論文，裡面記載了詳細的內容[62]。量子點這種特性尚未被仔細研究，所以，任何人都不知道裡面還隱藏著什麼樣的可能性。

不過，問題來了。目前為止的量子點，都以鎘或鉛等重金屬製作而成。重金屬會對身體造成不好的影響，這點是常識，所以要從沒有重金屬的地方製造量子點，但這並不容易。不過，在二〇二〇年十一月，研究學者允亨鎮在《自然通訊》上發表相關研究，他的研究團隊使用對環境友善的銅、銦、硒（有機物質），成功簡單重現複雜的迴路[63]。

他表示，只要十個小時，無論什麼迴路都能正確畫出。這就是**全球第一個對環境友善的量子點迴路**，製造方法非常簡單，在PCB板上用黃金配線，將銦放在上面，製作成n型，再放上銅、灑上硒後均勻塗滿，最後再使用原子層沉積（atomic layer deposition，ALD）的技術隔

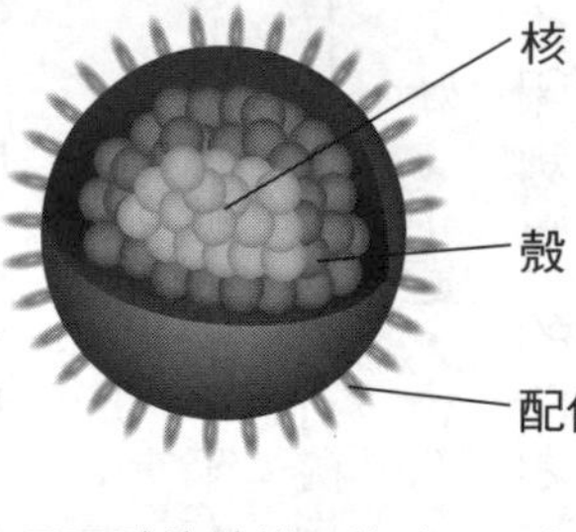

▲ 量子點的結構。核（core）和殼（shell）是對環境友善的材料，以有機配位基（ligand）包覆，製造出對人體無害的量子點。

絕空氣，並加熱到一百八十度就完成了。研究團隊表示，這樣製造出量子點迴路，能穩定維持三十天。

解決了重金屬的問題，我們似乎離量子點更近了一步。我前面說過，嚴格來看，三星的QLED顯示器並不是量子點，而是LCD；LG顯示器的OLED，則是以有機物質達到自我發光，但因為是有機物質，所以能彎曲，畫質也比LCD更好；不過，會有螢幕烙印（burn-in，留下其他畫面的痕跡，基本上所有OLED螢幕都有烙印疑慮）的問題。

那麼，如果有顯示器能發揮「混合有機和無機」的量子點真正特性，不就等於只吸收了OLED的優點嗎？研究員允亨鎮說：「如果成真了，等同於創造出『新世界』的技術。」前面提過，我個人非常關注全像投影技術。全像投影將會支配未來的生活，我對此堅信不移。不過，現在的平面顯示器會不會某天突然變成全像投影？絕對不會。

也許，QLED真正的用意就是在填補那個過渡期。其實，目前的研究非常熱烈，從幾年前開始，就一直有傳聞說 iPhone 和 Galaxy 將會使用 QLED 螢幕。

從專家們正式開始研究量子點以來，頂多才過了十年，但運用的範圍已經無窮無盡。從健康監測設備、太陽能電池到各種感測器，生活中各個領域都派得上用場，還能像OLED這樣彎曲，讓複雜的迴路變單純，使半導體變得更小，等於擁有作為穿戴型裝置的資格；而且，更重要的是，也能成為印刷元件的基礎技術。

這邊再強調一次，量子點是有機和無機混合的材料，所以能完全發揮有機材料的優點。其實，允亨鎮的論文標題中就包含兩個單字「solution-processable」，翻譯成中文就是「可進行溶劑製程」。如果元件能用印刷的，就算不花很多錢投資設備，也能快速大量生產。

當然，這不是一朝一夕就能出現的技術。蘋果在二〇一八年招募相關研究學者時，相關人員曾表示：「我們比其他部門更自由，因為沒有人期待我們明天就製造出QLED。」但這也不代表他們會失敗，因為無論最終目標在哪，量子點的另一頭就是全像投影；谷歌創辦人賴利・佩吉（Larry Page）便曾說：「把目標訂得很高，你就很難徹徹底底的失敗。」

半導體，下一個劇本

能不能折疊，決定蘋果和三星誰輸誰贏

三星電子持續提升QLED的技術水準。不僅不使用LCD，反而研發完成度高的QLED；同時，蘋果和三星都加快研發能折疊的QLED的腳步，因此，折疊QLED的技術，很可能是這兩間公司之間的勝敗關鍵。

小故事 6

隱形斗篷真實存在，用「超材料」製成

現在，我們來了解另一個「看得見」的創新吧！這次，我能很有自信的說，這將讓你的證券戶頭賺飽飽。

在電影《哈利波特：死神的聖物》（*Harry Potter and the Deathly Hallows*）中出現隱形斗篷，顧名思義，可以遮住穿戴者的身體，在魔法世界中也算是最尖端的技術，是非常罕見的珍品。

有趣的是，在現實世界，也有「麻瓜」（按：源自《哈利波特》系列，指沒有任何魔法能力的人）正在研發這種隱形斗篷，且完成度非常驚人。百聞不如一見，請見以下照片。

透過類似玻璃的半透明物質，我們能看到作為背景

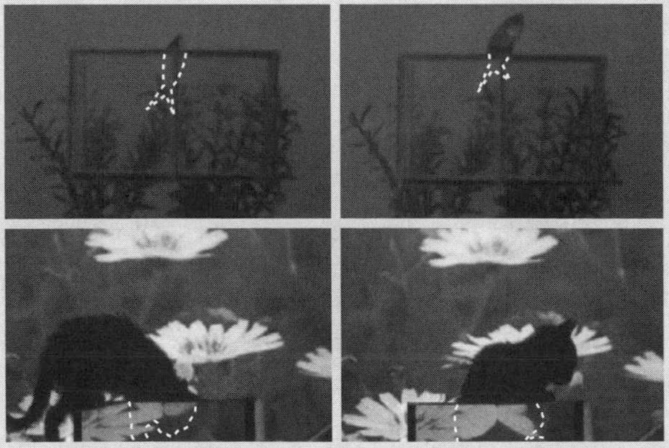

▲ 用隱形斗篷遮住貓咪和金魚身體的一部分。

的草，而在被半透明物質包覆的框框之上，看得到金魚的頭。不過，金魚的身體在哪裡？如果看得到草，當然也要看到金魚的身體，但這是什麼情況？貓咪的照片也很神奇，只看得到貓咪的上半身，下半身都被半透明物質遮住而看不見，不過，依然看得到半透明物質另一側的花和草，到底是怎麼一回事？

這些照片並非合成，是由浙江大學研究團隊開發、俗稱隱形斗篷的技術，在二〇一三年發表於《自然通訊》上[64]。其實，這個技術並非全新，只是以前是在攝影機拍攝時，及時讓背景變成透明的，但現在，隱形斗篷使用超材料（metamaterial，又稱超穎材料），形成貨真價實的透明，不需要其他裝置。

超材料以人工方式製成，不存在於自然界，效能非常卓越，是以前根本沒看過的物質。隱形斗篷使用的，是跟光的折射率有關的超材料，在這個超物質填滿的空間內，光的折射率比自然界高上十倍，所以，如果光的折射率很高，就會發生類似光速變慢的驚人效果。這並非我捏造的故事，為了寫這篇文章，我還親自詢問私立研究型綜合大學浦項工科大學的教授盧準錫，他是韓國相關領域研究的領頭羊，我有幸獲得他提供的第一手資料。

說得更仔細一點，究竟光速變慢是什麼意思？光速每秒走三十萬公里，這是學校會教的知識，但是，要加上一個前提，就是必須在真空狀態。韓國光州科學技術院客座教授李鍾明告訴我[65]，若不是真空狀態，光速就可能因各種原因變慢、延遲甚至囤積。

光速變慢這件事雖然很新鮮，但若要實際做到這點，隱形斗篷使用的超材料的確是前所未見。

光用想像的，似乎就能嗅到商機，這是全新的商品，而且效能非常清楚，如果投資相關公司，不就能獲得龐大收益嗎？

如果你問我的意見，我會回答：這個想法很好。盧準錫在二〇一七年六月的採訪中提到：「十五年後，隱形斗篷將會商業化。」[66]為了將點子化為現實，需要讓光能自由自在的折射，也就是藉由適當配置並排列超材料折射率高低來調整光的路徑，技術和原理都很簡單，但如果要商業化則非常昂貴。

光是製造出手指甲大小的超材料，就得耗費五千萬到一億韓元，若要大量生產，需要超乎想像的高昂費用，所以必須先研發新材料、新製程，否則無法輕易踏出實驗室的門檻。

盧準錫為了解決這個問題，正與研究團隊一起嘗試各種方法，包含合成、印刷、微影（lithography，利用雷射畫出迴路等技術）。

實際上，在二〇一八年四月，浦項工科大學與首爾大學的研究團隊，合成出對光有反應的全新奈米粒子，此論文甚至登上《自然》封面[67]。在同一時期，浦項工科大學研究團隊在亞洲材料期刊《自然亞洲材料》（*NPG Asia Materials*）[68]，發表了以更簡單的方式製造隱形斗篷的技術。

近視度數太深？厚重鏡片也能薄如透明紙

我想再問一個根本的問題：我們會變得怎麼樣？通常，物體反射的光線進入眼睛時，會轉換成電子訊號，而大腦會負責解讀並辨識該物體。不過，如果相關物體周圍建立起以超材料構成的牆，改變光的路徑，那會怎麼樣？也就是說，如果折射率改變，光跑到其他地方，會發生什麼事？很簡單，我們就看不到物體了，類似於海市蜃樓的現象。

這就是隱形斗篷最基本的原理，如果能達到商業化，相信在軍事領域會非常受歡迎。想想看，被看不見的敵人攻擊，有多恐怖？

可是，在日常生活中，又會如何使用？隱形斗篷很可能被用於犯罪上，所以應該很難商業化。不過，如果是以超材料製作鏡片呢？這並非我在胡說，實際上，二〇一九年十月，在世界經濟論壇（World Economic Forum，簡稱 WEF）上，**利用超材料製作出超薄鏡片，被選為改變世界的十大技術之一。**

以眼鏡為例，視力越差的人、鏡片越厚，因為要折射更多光，所以要把各種厚度的玻璃片貼起來。不

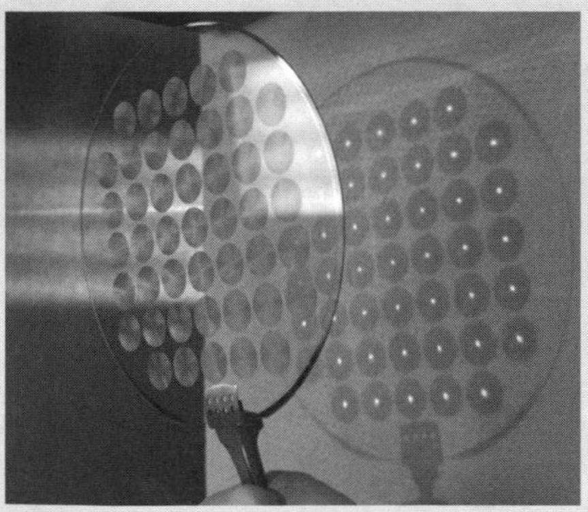

▲ 以超材料製成的鏡片。只有一層也能精準對焦，表面有許多微米單位的突起物，所以能精確的反射光線。

過，作為隱形斗篷的超材料，折射率非常高，也就是說，能比玻璃折射更多光，所以就不用那麼厚了；聽說，最薄能到一萬分之一，到時候，搞不好根本不像是在戴眼鏡，而是戴上透明紙。

此外，相機鏡頭也會經歷創新。最近高效能的智慧型手機上，鏡頭凸起（按：鏡頭凸起幅度和新機配備畫素更高、影像感測器尺寸更大有關）的狀況越來越明顯。為了迎合使用者的需求，逐漸提升相機效能後，鏡頭變大、光學元件也變多，不過如果鏡頭變薄，就能解決凸起大小的問題；再加上，如果調整折射率，讓感光元件的成像更清楚，畫質也會變好。這不僅能運用在智慧型手機，同樣也能運用在現有的相機上，因此，也許會出現全新層次的光學器材。

繼續延伸下去，也能提升生物辨識技術。透過辨識臉部或虹膜來確認身分這種情節，幾年前只能在科幻電影中看到，不過隨著智慧型手機不斷進化，現在已經變成我們日常生活的一部分。若超材料能運用在相關零件上，不僅能更精準的辨識使用者，大小還能縮減至千分之一。

超材料的可能性不僅如此，還能改善VR和AR設備。現今最著名的高效能VR設備是Oculus Quest 2，重量達到五百零三克，因為它就像智慧型手機的鏡頭一樣，裝滿各種鏡片和光學元件，如果戴在頭上太久，脖子一定會痠。這讓我想到行動電話剛開始普及的時候，當時跟磚頭一樣重，而現在的智慧型手機，比過去的行動電話小非常多，效能卻好到無法比較。我認為VR和AR設備，應該也會走上同樣的路。

跟光的折射率有關的超材料，擁有無限的可能性，不過幾乎沒有公司會全力投資並研究。研究學者當中，扣除極少數新創公司之外，大概只有美國衛星服務公司Kymeta和平面鏡頭技術公司Metalenz，但這兩間公司目前的水準，僅止於和大學的研究所合作，觀察超材料商業化的可能性。

那麼，何時可以正式商業化？盧準錫說：「科學技術成熟需要五十年，超材料從正式開發至今過了二十年，往後大概還要三十年才能多樣化運用。說不定，短則五至十年後，就能在特定領域看到有效運用的產品。」

什麼？竟然還要再多等三十年！你可能會想問，如果要要花那麼久的時間商業化，那還有什麼意義？不過，其中肯定還是有其意義，至少，現在在讀這本書的你，腦中已經記住超材料這三個字，而知道跟不知道之間，有著天壤之別。

假設五年後，你看到一則新聞報導：「某公司領先全球，成功大量生產超材料」，因為你已經了解超材料的運用範圍有多廣大，所以會仔細閱讀相關內容，說不定還有人會因股票投資而賺大錢。

第3章

往後十年，半導體的下一個劇本

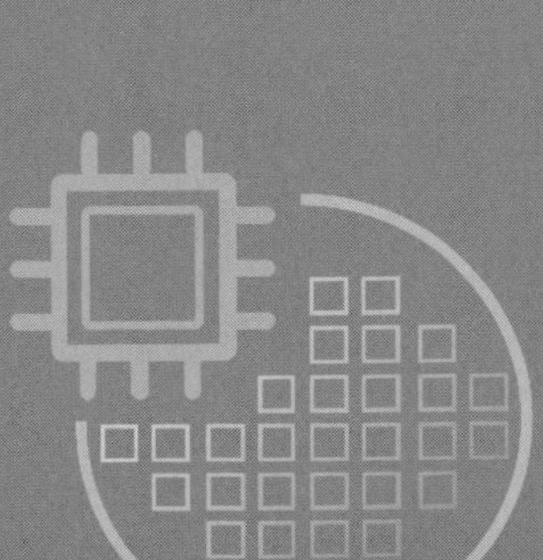

1 每個「不像話」的發明，都是創新

未來總是比我們所想的更快到來，所以更難預測。回到五年前，究竟有幾個人成功預測到特斯拉今日的地位？這麼說來，不用只看今天，未來總是會留下一些蛛絲馬跡，那就是技術。在這章，我會大膽介紹往後十年內，將引起高度關注的技術。

連公認為權威的專家也常常出錯了，所以，相不相信是你的自由，我希望讀者能抱著懷疑和批判的態度閱讀。未來將受關注的技術不只一、兩個，加上還有高度分工及專業化，任何人都無法完美理解這一切，甚至很少有專家曾因為投資自己專精的領域而獲利。

儘管進入二十一世紀後，半導體公司賺了很多錢，但難道同個時期研究相關領域的教授或研究學者，都有賺到那麼多錢嗎？完全沒有。所以絕對不要盲目相信我說的話，自己也要努力找尋相關資料、學習，並自行判斷。

我上傳影片到自己的 YouTube 頻道時，也絕對不會鼓勵粉絲購買相關標的，我只是在介紹有潛力的技術與目前正在嶄露頭角的公司罷了。我再三強調，如果一項技術要跨出實驗室的門檻，至少需要十年，而這本書只是為了那個時機撒種。偶爾會有人在我的頻道留言，說買了我推薦的標的後虧損了，然後寫下一些我根本說不出口的難聽字眼。看到這種留言，我只想告訴他們一句永久流傳的佳句：「投資的一切責任，都在投資者身上。」

二〇一四年，密西根大學（University of Michigan）行為心理學教授陳岩做了一個很有趣的實驗，她對受試者出題後，讓一半的受試者去圖書館找答案，另一半則上網找答案。結果，去圖書館的人平均花二十二分鐘，上網的人則花了七分鐘，也就是說，通訊技術的發展，幫助我們省下十五分鐘。就算谷歌的限制是一天只能搜尋三十五億次，也等於每天為人類省下五百二十五億分鐘。

這件事真的很重要，這代表我們能比以往任何時候，花更多時間在創新上。**過去數萬年進步緩慢的一項主因，是時間不夠用，而越進步就能省下越多時間，因此就能進步得更快，形成良性循環。**

通訊與感測器的進步，就是最好的例子。前面說過，越來越多電子產品與通訊網結合，現今平均一個人就被一百四十個感測器包圍。光是一支智慧型手機，裡頭從雷達到感光元件，充滿了各式各樣的感測器，而十年內，全球感測器需求將會增加到一兆個。這些都會與5G通訊、6G通訊等超高速通訊網連接，大步邁向物聯網時代。到那時候，科技會允許我們更快速的測量、分享並處理更多數據，也代表我們能有更多時間做其他事。

交通與運輸的進步，也讓我們賺到時間。洛杉磯是全世界塞車最嚴重的都市，當地駕駛人平均每年要花二・五週的時間在道路上。而提供車輛共享服務的Uber，在二〇一八年五月分析，每年因塞車而損失的所得與生產價值，高達三百五十兆韓元，同時也提出空中計程車的替代方案。其實，無論是用哪種型態，飛上天空的汽車很久以前就已經開發出來了，只是因為太貴而無法商業化。

Uber想要以共享的方式克服這個問題，他們與現代汽車密切合作，後來在開發空中計程車的過程中，賣給了美國個人飛行載具新創公司Joby Aviation，目前空中計程車已經完成，即將進入量產階段，正在修補各個問題，預計將於二〇二四年，於美國啟用此項服務。

如果Uber是在空中，那馬斯克就是在地下，他研發的超迴路列車（Hyperloop）是設置在地底的低壓管高速鐵路，時速可達到一千兩百公里，非常驚人，等於只要花十分鐘，就能從首爾抵達釜山。由於他推崇開源（open source，在產品、計畫與專案面，透過開放大眾參與、討論與修改，進而加速其發展），所以任何人都能分享並使用此技術，現在許多公司正爭先恐後的開發超迴路列車。

無論是Uber的飛行車還是馬斯克的超迴路列車，特點都是速度驚人。不過，雖然時間已經縮短成幾分鐘，但還是要耗費時間，難道有辦法完全不花時間，就抵達目的地嗎？假設從首爾到曼谷，連一秒鐘都不用，怎麼樣？太誇張了嗎？講到這裡，你可能已經知道我要說什麼了，沒錯，就是阿凡達（avatar）。

無論是使用機器人還是全像投影，只要能製造出我在當地的效果就行了，也就是只要穿上能看到視野的VR頭盔裝置，以及能傳遞行動或觸覺的特殊衣服即可。當然，此領域的科技還有一大段路要走，無論是機器人還是全像投影，現在都還在剛起步的階段，VR頭盔的畫素與運算速度，還有很多可以改善的空間。

雖然已經開發出能讓人感受到觸覺的衣服，甚至連小康家庭都買得起，但是感受還不夠真實，在建構真實世界這方面，仍有許多限制。當然，有很多公司正努力突破各領域的限制，舉個例子，二〇一八年日本航空公司全日本空輸（ANA）投入開發阿凡達機器人，在當時造成轟動。

如果你覺得阿凡達是很久以後的事情，那我想分享一點現實方面的新聞。近期將帶領運輸革命的，並不是有輪子的東西，而是3D印表機。如果要從地球運送不到一公斤的東西到國際太空站，至少要花上兩萬美元[1]，不過，如果在國

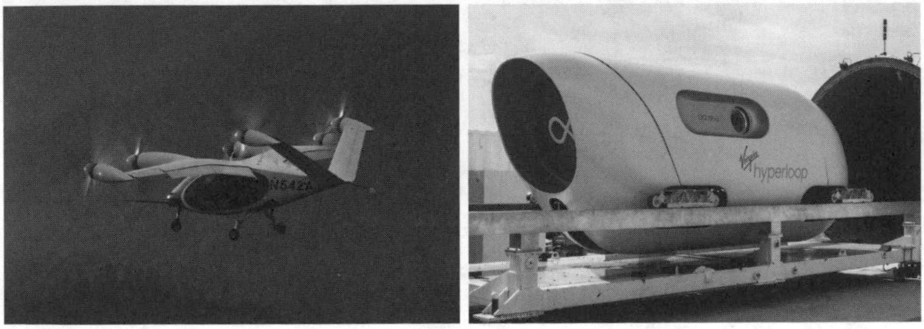

▲ Joby S4（左）可能會成為第一輛空中計程車，Virgin Hyperloop 的 XP-2（右）已完成試乘測試。

際太空站設置3D印表機，就能省下費用，甚至也不需要等待。

其實，二〇一〇年創立的新創公司太空製造（Made In Space），就是在製造宇宙能使用的3D印表機；此外，Nano Dimension跟運輸無關，而是利用3D列印製造PCB，如果技術更成熟，說不定也能用3D印表機印出半導體。

量子電腦，比超級電腦快一億倍

雖然我說明得好像很簡單，但這些能帶領未來的技術都不是易事。然而，若想讓這些技術成為現實，就需要效能非常好的電腦，因為要以非常快的速度，處理極為龐大的數據，也要能正確運算，這也是為什麼量子電腦會受到關注。

在我們使用的電腦中，數據單位是位元（bit），數值是1或0；相反的，量子電腦的量子位元（qubit），數值同時是1和0，所以能透過更少的運算過程更快導出結果，自然也就能處理更多數據。理論上，八十量子位元效能的量子電腦能儲存的資訊，比構成宇宙的所有原子還多。

如今數據量大幅增加，可以預見成功研發出量子電腦的公司將會獨霸未來。二〇一九年十月，谷歌發表量子位元處理器Sycamore，震驚全世界[2]；加拿大的D-Wave系統公司

（D-Wave Systems）發表實驗結果，證明他們研發的量子電腦，比現有的超級電腦快上一億倍[3]。此外，跨國科技公司IBM也正加速研發量子電腦[4]。

如果量子電腦商業化，就會讓超乎想像的事情變得可能。舉個例子，發明家湯瑪斯・愛迪生（Thomas Edison）為了發明白熾燈，在十四個月內嘗試了一千六百種材料，若由高效能電腦模擬同樣的事情，只需要幾個小時；若愛迪生得知這個事實，應該會大受打擊，十四個月的努力，竟然能縮短至僅僅幾個小時！假如他能用那十四個月做其他事，就能締造其他功績。

更驚人的不止這個，超級電腦三年的運算，量子電腦只要一秒就能搞定，也就是說，需要等待的時間，縮短為九千四百六十萬又八千分之一。不過，這只有計算技術層面，現實上還要考慮政治、法律、倫理等多種複雜要素，所以發展應該會緩慢進行。

不過，也不用太失望，至少我們能享受這個過程。電腦效能進步驚人，Meta、谷歌、蘋果、微軟等許多公司，都正努力實現真正的元宇宙（metaverse），原名為臉書的Meta，在二〇二一年十月宣布改名，並推出各種新一代VR設備[5]，這也展示了他們的決心。

想想元宇宙的商機吧！虛擬實境就像現實一樣，可以買賣物品，也需要貨幣，而且就目前看來，應該是使用區塊鏈技術的加密貨幣。以現在來說，流通性還是很大的問題，但如果有一天，相關法規和制度能夠完善、穩定流通，起碼在元宇宙裡使用不會有太大的問題。

不僅如此，如果元宇宙讓現實與虛擬的界線變得模糊，就能完全整合。目前這樣的技術也正在如火如荼的研究當中，也就是將大腦與電腦，以物理和機械的方式連接的腦機介面（brain-computer interface，簡稱BCI）；要是能成功，四肢麻痺的患者便能用想法操控電腦，或是不說話、只用想法溝通，抑或將儲存裝置連接到大腦，栩栩如生的播放某段記憶。目前在相關領域嶄露頭角的，有美國神經科技和腦機接口公司Neuralink、人類智能公司Kernel和Meta。

此外，人的老化也是創新的對象之一，生技公司Life Biosciences購買了哈佛大學教授大衛·辛克萊（David Sinclair）發表在《自然》上的防止老化研究[6]，引起大眾熱議。

除此之外，生技公司Samumed（按：現

▲韓國電子遊戲開發商珍艾碧絲的冒險遊戲《多可比 Doke V》，結合元宇宙的元素，雖然還沒決定上市日期，但已經受到高度關注。

已更名為Biosplice Therapeutics）也在研究重建軟骨、治療韌帶、消除皺紋及抗癌技術，同樣受到關注。

耶魯大學（Yale University）教授理查德・福斯特（Richard Foster）表示，被商業雜誌《財星》（*Fortune*）選為全球五百強企業的公司，有一半以上都會在往後十年內，把位置讓給全新的公司[7]，實在令人難以置信。

我們很難準確預測未來，二〇一〇年，比利時列日大學（Université de Liège）研究團隊在《社會神經科學》（*Social Neuroscience*）發表一項研究結果，表示人類想到未來時，大腦一部分的機能會停止運作[8]。

以神經生物學來說，人想要預測將來會遭遇的事情時，會面臨很大的困難，所以，在讀這些新興技術時，假如你不禁懷疑：「怎麼會有這麼不像話的東西？」那表示你很正常，因為我們天生就抗拒思考未來。

人類雖受這種限制束縛，但想盡辦法超越極限的人，就能得到更多機會，而且，我敢斷言，未來將出現比你過去錯過的機會，還要更多的機運。以奇點（singularity，指科技奇異點，認為人類正接近一個使現有科技被完全拋棄，或人類文明被完全顛覆的事件點，此後的未來完全無法預測）概念聞名的未來學家雷・庫茲威爾（Ray Kurzweil）便曾說過：「往後一百年中，人類每兩年就會體驗到技術的變化。」

隨著時間逐漸變立體的4D列印

先不論能運用的程度，3D列印本身就發展得非常快速，因此非常有名，直觀來說，能印出三次元的立體結構，本身就已經很神奇了。不過，目前也正在積極研發加上時間維度的4D列印，也就是印在平面上的結構，會隨著時間流逝而變為立體。此項技術受到眾人關注，未來有望引領運輸革命，因為不是傳送物件，而是只傳送數據，將省下龐大的費用與時間。

2 蒐集再生能源，順便治療禿頭

在未來技術中，我特別關注能源蒐集。前面介紹熱電元件時簡單提過，能源蒐集將會與半導體產生綜效作用（synergy，整體價值大於個體價值），往後十年內將看到大幅變化。所以，接下來，我將正式介紹能源蒐集。

現在，能源型態正在轉變成對環境友善的型態，在這種轉換期，就會出現轉機。這麼說來，在對環境友善的能源當中，該關注哪個產業？是電動車？還是太陽能發電？雖然每個人的回答不太一樣，但我認為是能源蒐集。

我不是因為預測了未來一、兩年的科技進展，而說出此話，而是展望了未來十年。坦白說，目前的經濟前景太差，也沒有什麼卓越的大公司，雖然十年內也可能會因為覺得沒什麼市場價值而被擱置，但仍不能因此輕忽。比爾．蓋茲說：「**我們總是高估兩年後會發生的變化，卻低估十年後發生的變化**。」[9] 不能因為這種錯誤的判斷，而陷入什麼都不做的狀況裡。

這麼說來，什麼是能源蒐集？舉個例子，到了炎炎夏日，大家會忙著開冷氣、電風扇，不過，如果能將這些折磨人的酷熱，蒐集起來作為能源使用，會怎麼樣？

答案是，會出現在各個方面都有益處的新資源。就像這樣，**將原本認為毫無用處而浪費掉的能源匯集起來運用，就是能源蒐集**[10]。

一九五四年，貝爾研究所首次介紹他們研究的太陽能電池。以回收能源的觀點來說，這確實是一個很重要的技術，不過，除了額外蒐集大工廠的能源或提升汽車能源效率之外，對我們的日常生活，有什麼樣的益處呢？答案出乎意料，能源竟可以用於治療禿頭。講得更精準一些，並不是要你去網羅能源來治療禿頭，而是蒐集能源的方式，將有助於治療禿頭。

▲1954 年貝爾研究所研究太陽能電池的研究員，這時開始出現能源蒐集的概念。

大家都明白禿頭的嚴重性。雖然我沒有禿頭，但如果不持續燙髮，讓髮量看起來多一點，我就會覺得自己長得很奇怪，也會失去自信，更何況是那些沒有頭髮，或是禿一塊的人，我無法想像他們該有多痛苦。

問題是，很多人都在承受這種痛苦，曾有一項針對韓國男性的調查，其結果顯示，一百人當中有四十七人有禿頭的困擾[11]。該調查的樣本數只有八百零一人，令我很驚訝，禿頭的比例竟然這麼高，由此可知，有非常多人正因禿頭而受苦。

很可惜的是，目前治療禿頭的藥物還在開發階段。二〇二〇年五月，釜山大學與韓國生技公司T-Stem一起研究如何利用脊椎細胞治療禿頭，結果發表在期刊《幹細胞轉譯醫學》（*STEM CELLS Translational Medicine*）上[12]。我為了將相關內容做成影片、放到網路上，也為了寫這篇文章，而詢問通訊作者（按：學術論文中分為普通作者和通訊作者，通訊作者為該論文的主要負責人）李相葉教授，為何沒有藥物能治療禿頭。

嚴格來說，並不是沒有藥，問題是副作用太強。目前美國食品藥品管理局（FDA）核准的生髮藥物的副作用包括性慾降低、勃起障礙、發疹等。原本是為了要恢復自信，後來反而會發生更不幸的事情，所以現在正努力開發可以取代藥物的治療方式；儘管研究已經持續很長一段時間，但大部分療法都沒有特別的效果，所以，我們不僅要找出能取代化學物質的藥物，讓身體長出頭髮，還必須提升其效果。

二〇一九年八月，威斯康辛大學（University of Wisconsin System）研究團隊研發出利用能源蒐集來治療禿頭的方法，研究結果發表在期刊《ACS奈米》（*ACS Nano*）上[13]。研究團隊表示：「在毛髮再生方面非常實用。」、「沒有任何副作用。」、「目前開發的任何方法都沒有這麼有效。」

聽起來雖然很像不肖商人在講的話，但是《ACS奈米》的影響指數（Impact Factor，簡稱IF，某一期刊的文章在特定年分或時期被引用的頻率，是衡量學術期刊影響力的重要指標）有十三．九，是能被收錄進科學引文索引（Science Citation Index，簡稱SCI，期刊文獻檢索工具）那種等級的學術期刊；SCI以近乎苛求的標準，嚴選世界領先學術期刊，也就是說，能收錄其中的期刊，其權威都受到專家認可。實際上，《ACS奈米》由擁有一百五十多年歷史的美國化學學會（American Chemical Society）所發行。

這麼說來，能源蒐集究竟能如何幫助治療禿頭？在生物學當中，交流電能有效活化細胞組織，而研究團隊利用這點，以非常微弱的脈衝刺激頭皮，用這種方式喚醒沉睡的毛囊，激發毛囊的生長因子（growth factor），也強化包覆毛髮的角蛋白（keratin）。

這整個過程的核心就是電子。施加刺激的電流，不會強到讓使用者感到不適，也不會傷害腦部、頭皮等身體器官；而且，刺激的強度要維持均衡，這樣控制電流並不容易，一般的電池需要充電或是更換，而且也很沉重，再加

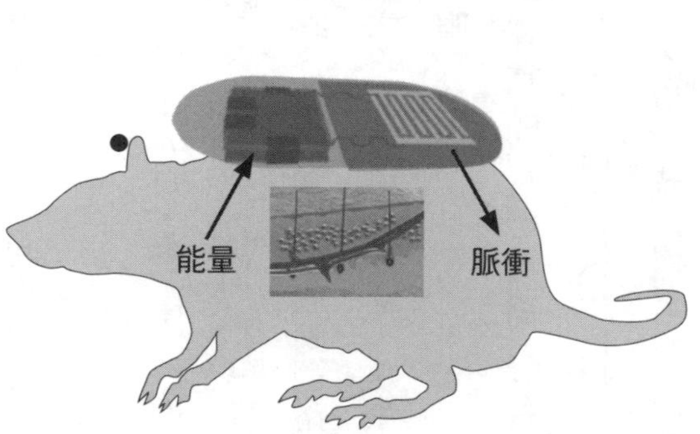

▲ 貼上穿戴型脈衝產生器的老鼠，身體活動中蒐集的能源以脈衝方式流到皮膚上。在實驗中，老鼠於一、兩週內，就以驚人的速度長出毛髮。

上，還有電流突然噴發或引起火災的風險，所以研究團隊不是使用電池，而是結合能源蒐集技術的穿戴型脈衝產生器（wearable pulse generator）來供給電流，也就是一點一滴的蒐集從身體細微活動中產生的能源，藉此產出電流。

如此製造出的電流微弱得不可思議，所以只會影響到頭皮表層，不會有任何副作用。這表示，我們也能精細的調整電流。

以禿頭老鼠為實驗對象測試時，塗了毛髮乳液九天的老鼠，長出〇．九公釐的新毛髮，而貼上穿戴式脈衝產生器的老鼠，則長出一．八一公釐的新毛髮，長度多達兩倍，密度則多達三倍，有些老鼠則是自行產出更多能促進毛髮生長的物質，可說是順利達成讓頭髮自然長出來的目標。

我在頻道上介紹此實驗後，有人留言調侃道：「禿頭研究的特點，就是都只會拿來治療老鼠。」

在某種程度上，我同意這句話，但還是抱持著希望，有耐心的等待吧！率領研究團隊的教授王旭東，在國際性科學雜誌《新科學人》（*New Scientist*）中表示，他曾在頭髮稀疏的爸爸身上做過簡單的實驗，也能看出成效[14]。研究團隊信誓旦旦的說：「這方法將能實質且快速的幫助世上因禿頭而痛苦的數十億人。」

半導體，下一個劇本

生髮藥副作用過強，安慰劑可能更有效

在這個時代，車子都能自己活動了，怎麼還沒開發出治禿頭的藥？其實，與其説很難製造出治療禿頭的藥，倒不如説副作用太強，所以正在積極開發替代療法。最近特別受關注的一項實驗結果，是利用脊椎細胞取代藥劑，有趣的是，研究人員偶然發現，安慰劑效應（placebo effect，病人雖然獲得無效的治療，但因為預料或相信治療有效，而使症狀得到舒緩）也有幫助，這麼説來，説不定默唸「頭髮趕快長出來」的咒語也有療效？

3 摩擦起電，散步就能幫手機充電

二〇一九年諾貝爾化學獎得主，是三位對鋰離子電池貢獻良多的美國、英國與日本研究學者，分別是德州大學（The University of Texas at Austin）教授約翰．古迪納夫（John Goodenough）、賓漢頓大學（Binghamton University）教授史丹利．惠廷翰（M. Stanley Whittingham）、日本名城大學教授吉野彰。鋰離子電池對人類的能源使用帶來深遠的影響，不僅能穩定且適當的供給能源，更重要是能多次充電。

鋰離子電池商業化已超過三十年，雖然使用起來沒有太大的問題，但如果要為未來做準備，還是需要改善能源效率。以智慧型手機的電池為例，前面提過三星電子的三進位半導體若成功商業化，智慧型手機只要充一次電，就能用一千天，因為三進位半導體徹底控制能源使用，尤其提升了消耗最多能源的OLED的效率，所以能大幅增加使用時間。

其實，還有一個更簡單的方法，只要讓電池變大就行了，這樣就算浪費能源，也能使用很久，不過，當然沒有公司會選擇這個方法，因為沒有人會買像磚頭一樣大的智慧型手機。

但是在維持電池大小的情況下，也無法提升容量。

其實，光看技術，是有辦法做到的，因為鋰離子電池的原理非常簡單，只是將化學能轉成電能（放電）、將電能轉成化學能（充電）。技術上並不困難，所以擴充容量也很容易，不過，有一個致命的問題，就是爆炸或引發火災的風險。

實際上，在二〇一六年，Galaxy Note 7 接連發生爆炸事件，三星有史以來第一次大規模召回商品，而二〇一七年得出的結論是，起火事件的主因為電池。一旦電池爆炸，手機公司就會遭受非常大的打擊，當然，三星電子已有一定規模，所以就算大規模召回，也還撐得下去，但換作是其他公司，真的不知道狀況會變得如何。

基於上述原因，大部分的智慧型手機電池大小，大概多年內都不會有什麼變動。二〇二〇年推出的 Galaxy Note 20，電池容量是四千三百毫安時（mAh），而二〇一八年推出的 Galaxy Note 9 是四千毫安時，就算過了足足兩年，仍沒有增加很多。

這麼說來，這個問題難道沒有辦法解決嗎？其實，前面提到的能源蒐集，說不定能成為救援投手。

接下來要介紹的能源蒐集，是利用摩擦起電效應來產生電流。每個人小時候應該都玩過，把氣球跟衣服摩擦後，再把氣球靠近頭髮，頭髮就會黏在氣球上。應該沒有人不知道摩擦生電的現象，那我們該如何蒐集並使用這種零碎的能源呢？

其實，我們的生活中沒有一刻缺乏摩擦，把智慧型手機握在手中，出門晃個幾圈，儘管很微弱，但手中的智慧型手機會持續晃動，這種晃動會產生摩擦，如果能將這個摩擦的動作變換成電能，就不用煩惱智慧型手機的電池量了，因為使用的同時也在充電。

後來，二〇一九年八月，成均館大學研究團隊研發出摩擦充電技術，並將結果發表在《科學》上[15]。通訊作者金成友教授表示，他的目標是研發出無需更換電池的體內植入型醫療器材，像心律調節器或胰島素幫浦等，這些放進身體的醫療器材都需要充電，因此在更換電池上困難重重，每次替換時都得進行大型手術；就算是以無線或把電池拿出來充電的方式，仍會對身體造成很龐大的負擔。

到頭來，能源蒐集才是答案。舉例來說，將心臟急速跳動時產生的動能（震動、摩擦等）變換成電能後，再蒐集起來。不過，這個原理會遇到的問題是，動能太少，連要變換成電能都很困難。

研究團隊提出的解決方法是超音波，透過從外部提供對身體較無害的超音波，這麼一來，心律調節器上的元件會產生細微的變形，這過程中就會產生摩擦起電效應；他們說，這比單純靠心臟跳動輸

▲ VI-TEG 的啟動模式，從皮膚外照射超音波來充電。

出的功率強一千倍以上。儘管不是單純使用身體產生的動能，這也能讓體內的電池在沒有手術的情況下充電，是非常大的成效。

研究團隊開發的摩擦起電器（VI-TEG）長寬各四公分，並不算大。以豬為實驗對象時，還不用深入皮膚底下一公分，輸出的功率就能驅動心律調節器或神經刺激器。再加上，摩擦起電器裡也有溫度感測器、緊急備用的鋰離子電池與電容器，完成度非常高。

總的來說，研究團隊成功運用能源蒐集的技術，為植入身體的電池充電，而且也驗證出輸出電率非常足夠。怎麼樣？你是否也看到了能源蒐集的可能性？

半導體，下一個劇本

把人體當電線，你就是發電廠

人從出生到死亡為止，身體都在發電，這樣大腦才能傳達訊號給身體的各個部位，肌肉也才能運作。也就是說，人體很適應電，那麼，我們可以把人體當成電線嗎？舉例來說，坐在配有無線充電頭的椅子上時，若能自動透過皮膚，將電傳送到手上戴的智慧型手錶，或手裡拿的智慧型手機上，這似乎是擺脫充電地獄的好方法。

4 靠手臂的晃動，如何產生足夠電量？

二〇二〇年一月，成均館大學與韓國陶瓷工程技術研究所（KICET）的研究團隊，利用摩擦生電來蒐集能源，這技術發表在《先進材料》上，也被選為封面論文[16]。此研究的優點是可以用在穿戴型裝置上，研究團隊表示：「持續充電或換電池，必須耗費許多維護費用與時間，不適合用在穿戴型裝置上。」

前面說過，放在穿戴型裝置裡的零件都要微小、輕薄且容易彎曲。照這樣看來，一般使用的電池又大又硬，並不適合。

於是，研究團隊聚焦在活動時產生的動能上，讓動能轉換成電能來使用；其實，**透過摩擦發電並不困難，問題是能不能獲取足夠的電量。**目前為止探討的能源蒐集技術，雖然是用創新的方式發電，但問題是電量太少。

研究團隊能如何突破此道難關？首先，仔細看看目前能源蒐集使用的元件就能發現一個共通點，就是只從一個方向匯集能源。舉例來說，為了蒐集活動時產生的能源，大部分研發的元件都是以X軸（水平方向）為基準，也就是會將焦點放在手臂前後晃動、大腿前後擺動等，但如果不只是X軸，也在Y軸（垂直方向）網羅能源呢？

這麼做的話，能源一定會增加許多，研究團隊將重點放在非常細微的部分，比方說，風吹起衣服時，不會只在X軸移動，也會在Y軸上移動。其實，光用想的會覺得這件事很簡單，好像憑直覺就能得出解決方案，但要讓這件事化為現實，就是在考驗科學家的能力。

總而言之，研究團隊為了獲取兩個方向的能源，研發出如絨毛般結構特殊的元件。絨毛高度約一百微米，研究團隊製作出的元件是一百八十微米，非常接近。

絨毛會讓小腸的表面積增加到最多，吸收更多養分，此元件的功能也很類似。如果發生摩

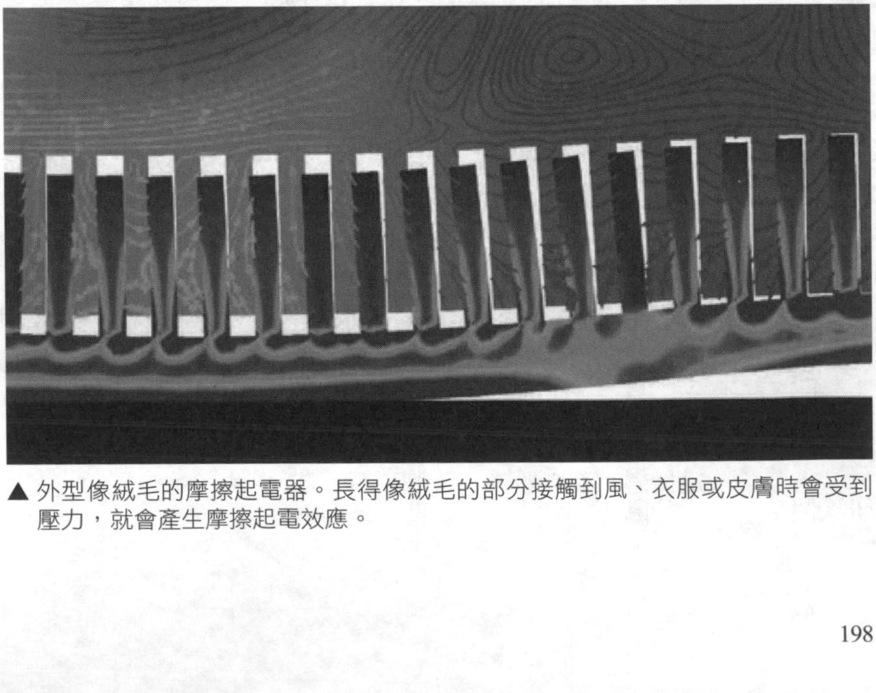

▲ 外型像絨毛的摩擦起電器。長得像絨毛的部分接觸到風、衣服或皮膚時會受到壓力，就會產生摩擦起電效應。

擦，也就是說，元件被壓到時，壓到的部分和沒壓到的部分會出現電壓差異，進而產生電流。這元件的特性是往上伸長、往旁延伸，所以X軸和Y軸都會產生電流，等於是能獲得兩個方向的電，效率當然好上許多。

更重要的是，這個元件非常敏感，就算只有拉拉鍊的力量的五分之一，也會引發這個元件的反應；開冷氣時吹出來、比空氣更輕的氮，也會引發這個元件的反應，代表連非常微弱的力量或風都能發電。當然，跟物理性的摩擦相比，效率還是差了一截。

研究團隊實際將這元件貼在衣服上時，光是走動也會生電，等於實現了靠衣服摩擦發電的願景[17]。

未來，這技術也許能對智慧型手機充電或啟動穿戴型裝置，帶來很大的幫助；目前產生的電量還不夠，不過如果繼續研究，總有一天，能運用的範圍不只是智慧型手錶這種小物件，還可以用在智慧型手機、各種穿戴型裝置，甚至是電動車上。

確實，還是有些專家對能源蒐集抱持負面態度，但沒有專家是完全正確的。馬斯克在眾人的嘲笑中，還是讓特斯拉成長，他說：「當亨利．福特（Henry Ford，福特汽車創始人）製造出便宜又堅固的汽車時，有人問他為什麼不騎馬，還要製造別的東西。不過福特挑戰後，獲得了成功。」[18]

電費零元的零能源大樓

通常，生活中出現的摩擦都非常微弱，無法製造出很多電，不過。現在已經開發出一個元件，利用磺醯基（sulfonyl group）讓摩擦產生的電增強兩倍以上，再加上，此元件不需要摩擦，等於沒有摩擦，卻能引發摩擦起電的效應，這將讓摩擦起電的運用範圍變得無限大。研究團隊說，最快將在二〇三〇年，最晚會在二〇五〇年建構出自行供電的大樓，所以我們可以期待此技術改變建築形態。

5 無線網路的另一個用途，是充電

在美國電視劇《宅男行不行》（*The Big Bang Theory*）中，有一幕是主角之一的霍華德．沃洛維茨（Howard Wolowitz）盯著雞尾酒上插著的雨傘模型說，如果製造出很大的雨傘模型來賣，就能賺大錢，而朋友則當場打臉，叫他別做夢，他則回答說：「蘋果也只是改變大小而已，但大家都買單啊！」

雖然蘋果並非完全如沃洛維茨所說，只是改變大小而已，但確實很多人盲目的喜歡iPhone。iPhone跟Galaxy是智慧型手機市場的兩大天王，而LG電子在不斷落後他人的情況下，終究在二〇二一年七月退出智慧型手機市場。

照這個狀況下去，只提升AP和相機效能，價格卻賣得很貴，用戶還是會買下去，因為沒有什麼其他選擇；這麼一來，就變成市面上的智慧型手機都以設計取勝。

其實，三星電子在二〇二一年一月推出Galaxy S21時，效能被批評「無升級感」，但設計卻大受好評，上市初期在韓國銷量增加三〇%，在美國增加了足足三倍（但也許是效能不夠好，在推出後半年，銷售量就停在一千三百五十萬臺，比二〇二〇年同期的 Galaxy S20 銷售量少二〇%）。

主修工程的人會認為，真正的創新來自於技術。實際上，Galaxy Z Fold 2 因為搭載可折疊顯示器，帶領折疊手機普及化，人氣非常旺，還一度傳出缺貨。人們很容易為新技術瘋狂，所以三星為了勝過蘋果，占據智慧型手機市場的王位，展示出結合虛擬實境、擴增實境、全像投影等全新型態的顯示器，相機效能也不輸給無反光鏡可換鏡頭相機（mirrorless camera，又稱無反相機）。

顯示器的革命，除了全像投影之外，都已經實現了（如果要實現全像投影，至少要花十年）。相機的革命雖然還不到無反相機的程度，但已經成熟到可以執行專業操作，這麼說來，該具備什麼才能產生差異性呢？

我認為答案就是電池。很諷刺的是，我認為下一次的創新，就是要移除電池。如前面所提到，一味的增加電池體積不會受使用者歡迎，保留或減少電池體積、只增加電池容量（會有危險）都無法解決問題。二〇一九年，電池公司勁量（Energizer）展示一臺智慧型手機，電池容量高達一萬八千毫安時，他們說充一次電就能使用一週，但問題是體積太大，厚度將近兩公分。

勁量雖然想要集資推出實際商品，但仍以失敗告終。到底有多少人會想用那種智慧型手機？儘管如此，在維持現有體積的情況下，只提升容量是很困難的，沒有極為先進的技術絕對做不到，因為有引發火災和爆炸的危險。如果要開發安全的材料，需要很長的時間。

這麼說來，如果換個角度想，乾脆不要有電池呢？我想以此為前提，來介紹能源蒐集。寫到這裡，我想先介紹已經有各種傳言流出的 WiFi 充電技術。

二〇二〇年三月，MIT研究團隊在《科學進展》上發表了一個很有趣的研究[19]：研究團隊注意到兆赫波，這個電磁波每秒鐘震動一兆次；現今 WiFi 頻帶都是使用吉赫波，吉赫波比兆赫波的頻率低一千倍，頻率越高，就能越快傳送越多數據，所以研究學者認為，兆赫波未來將會作為無線通訊使用。

改變未來的十大技術之一——兆赫波

這麼說來，兆赫波怎麼會到現在都還沒被重視，反倒變成「被遺忘的能量」呢？答案是反應速度。兆赫波的波長變長時，反應會變

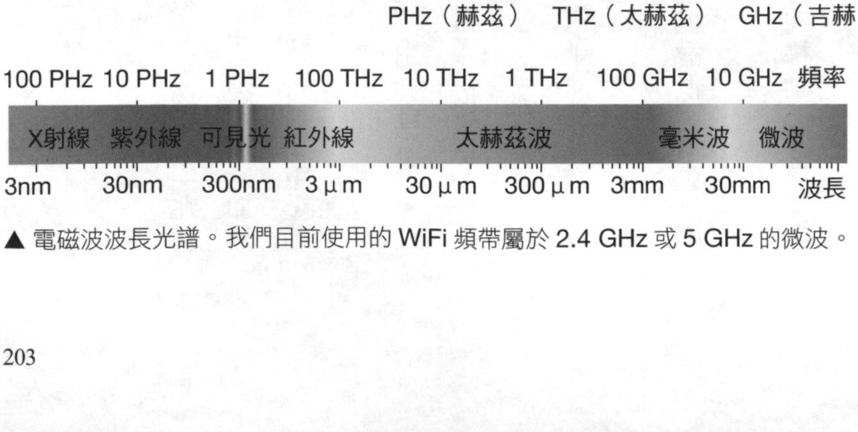

▲ 電磁波波長光譜。我們目前使用的 WiFi 頻帶屬於 2.4 GHz 或 5 GHz 的微波。

慢，如果反應很好，能展現出很優秀的效能，但其缺點實在太扣分了。這就好比沒有人想搭加速度很大、卻發不太動的車子。基於這樣的原因，兆赫波被視為無線通訊的雞肋。

但是，隨著 WiFi 使用量大增，以及物聯網、自動駕駛汽車等新技術的導入，未來，人們不得不使用兆赫波；雖然，到那時我們也得解決反應速度的問題[20]。只要出現 WiFi 兆赫波，也能突破能源蒐集的界限。如果想要啟動能蒐集浪費能源的元件，一開始就要施加最小電壓，不過在接收 WiFi 的狀況中，這問題能自然而然的被化解，因為能代替最小電壓的 WiFi，已經填滿了生活空間。

MIT 研究團隊注意到這種可能性，所以想找方法讓兆赫波變成我們使用的直流電。大部分元件的電流大小和方向都會一直改變，所以需要整流器（rectifier，電源供應器的一部分，可以將交流電轉換成直流電），讓電流變成方向與大小固定的直流電。

如果能在不使用整流器的情況下直接變成直流電，就能單憑 WiFi 為電子產品充電，這就等於出現新能源。

研究團隊使用石墨烯，他們說：「以量子力學的水準來看，物質遇到兆赫波時，會試圖將電流改變成自身電流的方向（直流電）。」

團隊發現，堆在氮化硼上的石墨烯接觸到兆赫波後，電子會往特定方向移動，等於製造出直流電。

這場實驗中的重點，是石墨烯的純度，因為萬一裡面有雜質，以量子力學的原理看來，會出現電子雲（electronic cloud），讓電流變得混亂；電子雲代表電子可能會出現在原子內部任何地方，等於電子隨機存在，所以難以固定方向。

此外，以材料工程的立場來看，石墨烯有雜質，電阻會提高，雜質起了散射中心（scattering center）的作用，等於電流會被雜質擋住。就像晶圓上只要有一粒灰塵，效率就會大幅降低、造成龐大損失一樣，無論是什麼雜質，最好都完全阻絕，但問題是，要處理得非常乾淨，也需要花很多錢。

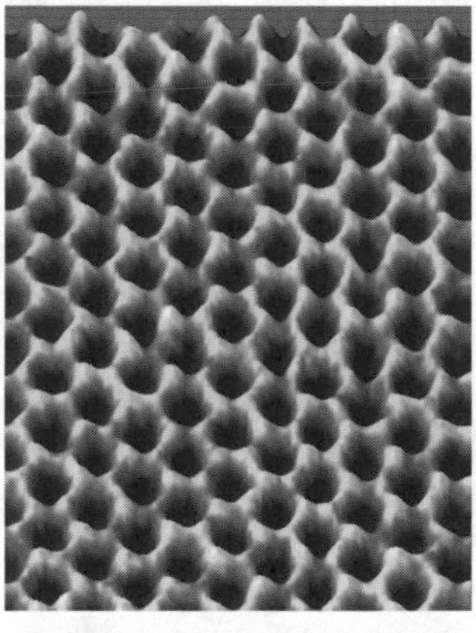
▲用掃描探針顯微鏡拍攝的石墨烯。有明顯的蜂巢結構，是非常薄、相當堅固的二維材料。

無論如何，歷經層層難關後，研究團隊利用氮化硼和石墨烯，成功將兆赫波變為直流電。智慧型手機若能運用此原理，就算沒有電池，只要能連上WiFi就能啟動，不過，還是有尚未解決的問題。

首先，這次研究目前仍形同理論，並不是發現WiFi能轉換成電能，實際製造元件時，能不能按照想像的來啟動，又是另一個問題；MIT現今還在進行後續研究，所以還得繼續等待。第二，沒有雜質的石墨烯的價格，也可能成為商業化的阻礙；此外，也必須再觀察這項技術是否對人體有害。

不過，MIT聚集了全球廣大人才，而且早在二〇〇四年，MIT就將兆赫波選為能改變未來的十大技術之一，並從那時開始持續準備。所以，這項技術並沒有消失，無論最後要用什麼方式，就算不使用石墨烯，還是很有可能將兆赫波改變為直流電。當然，如果石墨烯變得更便宜，說不定商業化的過程會更加順利。

我們必須記得，就算短期內無法看到巨大的成果，但只要能持續累積經驗，終究能夠創新。這也是為什麼，即使研究看似微小，學者們仍不斷實驗的原因。

為量子力學奠定基礎的法國物理學家路易·德布羅意（Louis de Broglie），在一九二四年提出物質可能同時是粒子也是波的論點，寫成博士論文後，獲頒諾貝爾物理學獎。不過，愛因斯坦早在一九〇五年，就提出波與粒子的二象性，等於愛因斯坦的主張過了二十多年才被科學界接受；那段期間，許多科學家都在努力尋找確實的證據。由此可知，任何人都能說出單純的主張，但不是任何人都能驗證其中的蛛絲馬跡。

用WiFi來發電也是一樣，用想的很簡單，但以理論證明、做出實驗是兩碼子事，德布羅意就是這方面的典範。MIT這次的研究也一樣，雖然很難立刻商業化，但或許裡面藏有某種創新。

德布羅意說：「我們根本不知道已知知識的實際樣貌，而在那實際的樣貌之下，還有非常多待發掘的東西。」

半導體，下一個劇本

蒐集能源，形成自行發電的良性循環

用常識來想，大家都知道不可能有無限的動力。能源以熱能等形式消失後，除非從外部填補，否則不會自行產生（熱力學第一定律），而且，熱能等能源會往四面八方發散（熱力學第二定律）。不過，有一個研究與這種常識正面對決，就是利用石墨烯，研發出永遠都能自行發電的能源蒐集裝置。

6 一滴水，也能點亮LED

汽車透過將油箱中的燃料（汽柴油）點火，來獲取動能驅動，在這個過程中，會損失相當多能量，而蒐集並回收這些棄置的能源，就是能源蒐集的核心。

現在有很多人在研究該如何蒐集電能、化學能、熱能等多種能源，如果我說，在身體的汗水蒸發時或是夏天下雨時，有可能將大氣中出現的水分作為能量使用，會太異想天開嗎？如果真的可行，那就太棒了，從智慧型手機到電動車，所有電子裝置都不用連接任何東西就能充電，以人道主義的角度來看，也值得期待，因為開發中國家或較貧困的國家都能獲得很大的幫助。

KAIST教授金日度正在賣力進行相關研究，他說：「雖然我做過很多研究，但從來沒有這麼賣力過，這個研究將影響我們的生活。我相信，我現在的研究將很有價值，而且如果我不做，我覺得也沒有別人會挑戰了。」[21]

在我自己的經驗中，曾兩度親身體會到水有多珍貴。第一次是在陸軍訓練所受訓時，在大熱天入伍，偏偏當時軍方說供水器故障，只提供熱水，淋浴也必須在五分鐘內完成；第二次是去新加坡玩的時候，不管去哪間餐廳，都要付錢才能喝到水，而且價格非常昂貴，因為我幾乎沒什麼出國的經驗，所以當時非常震撼。

當然，我的經驗只是抱怨，許多缺乏水資源的國家，狀況更為淒慘，有些國家甚至因嚴重乾旱而發布災難警報。

金日度曾到南非開普敦參加學術活動，他看到當地居民因缺乏水資源而相當痛苦的模樣，便懷抱著科學家的熱情，下定決心說：「即使犧牲利潤也在所不惜，我要開發出能貢獻社會的技術。」

二〇一九年十月，金日度與其團隊的一篇論文登上《ACS奈米》[22]。他們研究如何憑著幾滴水來發電，由於相當創新，在當時受到許多人的關注，這研究不僅非常具有獨創性，還能運用在各種領域，他甚至取得了專利。

研究團隊注意到植物的蒸散作用，也就是植物透過葉片上的氣孔排放出水蒸氣，利用這個作用，將新鮮的水從根部拉到葉子上。研究團隊將焦點放在水的流動，研發出特殊裝置，命名為「以蒸散作用驅動的通電機器發電機」（transpiration driven electrokinetic power generator，簡稱TEPG）。

首先，他們在棉的表面塗滿炭，之後將一部分浸溼。

這麼一來，有部分被水中氫離子浸泡到、剩下的地方沒有，兩者之間就會出現電位差，也就是電壓差；浸溼的地方電壓變高，沒有浸溼的地方電壓降低，這時，失去電子的氫離子帶有陽性（陽離子），會從電壓高的地方移動到電壓低的地方，這麼一來，就會出現電流。

以〇・二五公升的水做實驗時，會得到〇・五三伏特的電壓與三・九一微安培（μA）的電流。

更重要的是，用完所有的水之前，電流共流了四千秒，還有比這更驚人的結果嗎？

研究團隊還接連嘗試將氯化鉀、氯化鈉、氯化鋰、鹽酸放進水裡混合，每項都比純水的反應更好。

順帶一提，陽離子直徑大小依序為鉀、鈉、鋰；很有趣的是，離子大小與電壓和電流成正比，鹽酸擁有最多陽離子，所以電壓和電流相當高。

用純水發電竟然有如此驚人的效果，若發電時間能增加，就離商業化更進一步了。

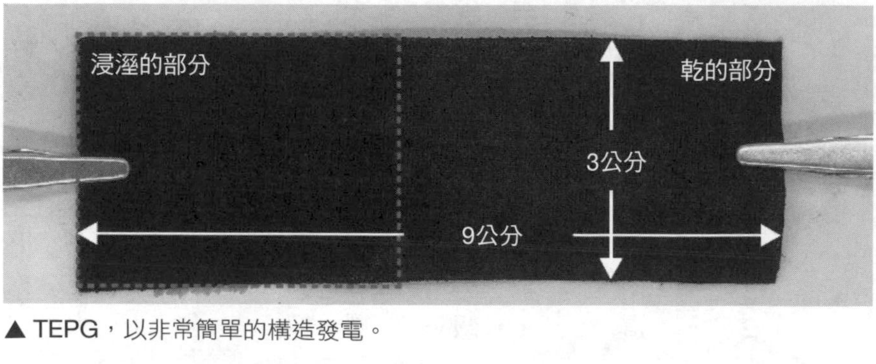

▲ TEPG，以非常簡單的構造發電。

關於這個問題，又有什麼解決方法？最簡單的是倒更多水，不過，這就違背能源蒐集的初衷了，畢竟是要將被拋棄的能源回收再利用，也就是說，我們需要只使用大氣中的水蒸氣，也能長久發電的方法。

此後，該研究團隊又做到了一件創舉。

繼登上《ACS奈米》的一個月後，這次，他們在《能源與環境科學》上發表大幅延長時間的實驗結果[23]。他們利用混合氯化鈣的水（溼度一五～六〇％），成功讓LED燈管發亮足足八天之久；氯化鈣的特色是能夠吸收很多水分，再慢慢排出，因為消耗水的時間延長，所以發電的時間變得更久。

大部分對環境友善的發電，都會受各種外部因素影響，但這次研究利用能源蒐集，在溼度二〇～八〇％的狀況下自動發電；研究團隊嘗試各種材料後，找到能提升電壓和電流的方法，也大幅改善了發電時間。

當然，現在只產出〇．五三伏特的電壓與三．九一微安培的電流，什麼事都沒辦法做，但我相信他們一定能成功突破障礙。

金日度說：「任何研究結果都不會白費，而且外界也必須給予充分支持。就算目前看不到成效，還是要腳踏實地的經過初期階段。長遠來看，應該要鼓勵做研究的科學家。我經常想像，在缺水、缺電的國家，孩子們只要滴幾滴水，就能開燈讀書的畫面。」

半導體，下一個劇本

美軍也覬覦的自行推進物質

有沒有一種物質，不需要外部刺激或能量來源就能自行運作？最近開發出一種聚合物凝膠，只要一滴水就能活動。這是從植物的滲透壓現象中獲得的靈感，讓水在蒸發的過程中活動；而且，目前已經找出最佳狀態，可以反覆活動，將來可能會被用在難以放入電池的超小型機器人上，或是在人力難以操控的極端環境中，用於軍事機器人中，實際上，此研究已經得到美軍支援。

7 遊戲還沒開始，市場已不斷擴大

若說智慧型手機造就了現在的蘋果、半導體成就了現在的三星，那讓沙烏地阿美成功的，就是石油這個能源。能源並非無限，在人類絕種之前，能源永遠都和錢有關。

某天，電磁學之父麥可．法拉第（Michael Faraday）在做磁場實驗時，有位高官過來問法拉第，這能不能賺錢，法拉第回答：「將來用電都要收費。」這故事很有名，而且確實，所有國家的電都要收費。

不過，大部分能源的發電效率並不好，用一次就沒了，但如果能提升能源效率、減少丟棄的能源，就能興起能源革命。而這就是能源蒐集受到眾人矚目的原因。

七十多年前第一次出現能源蒐集的概念，當時該解決的問題還有很多。如果想要回收能源，第一、元件必須非常敏感；第二、要有技術能重新利用回收的能源；第三、要在沒有其他電源的情況下，製造出充分的能量；第四、必須對人體無害；第五、體積要夠小。如果含有鉛，別說體積了，哪有人會使用？這五個條件都必須滿足，才能商業化。

其中，最重要的是第三個條件。因為能源蒐集利用的是非常細微的震動、熱能或水蒸氣等，所以必須製造出足夠使用的能源，儘管相關研究仍在持續進行中，但該走的路還很長，不過，若成功了，其潛在價值真的非常龐大。MarketsandMarkets預估，能源蒐集的市場規模將在二〇二三年達到六億五千萬美元[24]。請記住，直到最近才開始出現比較有意義的研究結果，也就是說，遊戲根本還沒正式開始，市場就已經不斷擴大。

尤其，能源蒐集是以完全無法預想到的方式，在各種環境下創造能源，所以無法預估市場能成長到多大。舉例來說，在二〇二〇年二月，麻薩諸塞大學（University of Massachusetts）的研究團隊研發出以大氣中的水蒸氣發電的裝置，並將結果發表在《自然》上[25]，此裝置的核心是蛋白質奈米線（protein nanowire）。

研究團隊分解有機物，利用能發電的微生物土桿菌屬（Geobacter）製造出蛋白質奈米線，以電子顯微鏡觀察發現，其組織非常精細。研究電子材料三十年的研究員德瑞克・洛夫利（Derek Lovley）評價道：「這是目前為止，最驚人也最有趣的蛋白質奈米線實驗。」[26]

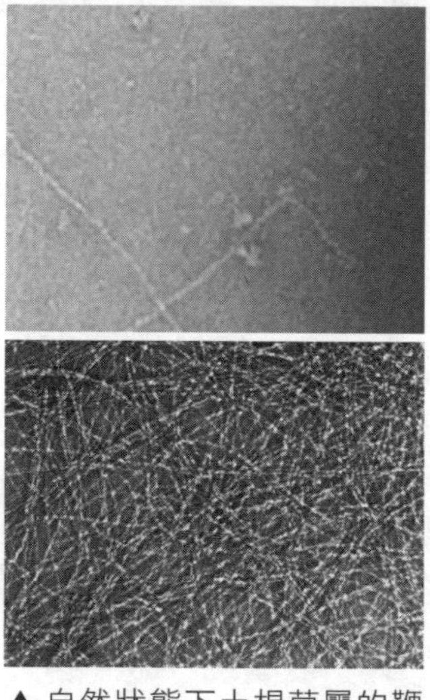

▲自然狀態下土桿菌屬的鞭毛（上），以人工的方式利用土桿菌屬製作出蛋白質奈米線（下）。

因為組織精細，蛋白質奈米線整體都能吸收大氣中的許多水蒸氣，同時，每個部分的水量都會自然改變，分為較溼的部分（電壓高的部分）與較乾的部分（電壓低的部分），而正如前面不斷提到的，只要出現電壓高低差，電子就會流動。

其研究結果是，在一千五百個小時（兩個月）內，電子以電壓〇．四到〇．六伏特流動。若環境溼度越高，就能獲得更久、更多的電，由此可看出源蒐集的可持續性有多長。不過，可想而知，該技術遇到的障礙是電流過弱，這種程度的電流，連智慧型手機都無法充電，也很難大量生產，等於無法商業化。不過，我們要記得，此領域現在才剛開始出現研究結果，未來肯定會有更值得關注的成果。照此趨勢來看，最快的話，十年後也許就能在下雨天讓智慧型手機自行充電。

當然，以物價持續飆升的情況來看，這個技術一定所費不貲，不過很確定的是，只要能商業化，你身邊的人應該很難不使用此技術，因為到時候不需要帶行動電源、充電頭、充電線，也不用擔心智慧型手機什麼時候會沒電，那時，智慧型手機甚至能自行充電，豈不是太方便了嗎？這個願景當然不會那麼快就成真，連我小時候期待的發明，如飛行汽車、漂浮滑板（hoverboard）、隱形斗篷等，至今都還無法商業化。

美國物理學家強納森．許布納（Jonathan Huebner），在二〇〇五年發表一篇名為《有可能性的創新正在消失》（*A Possible Declining Trend for Worldwide Innovation*）的論文，他認為，人類雖然已經創造了許多東西，如輪子、電力、電話、飛機、半導體等，但之後的創新正在減緩[27]，他說：「人們想發展新科技，越來越難了。」這確實是個合理的批評，說不定十年後，我們依然生活在充電地獄裡。

不過，不斷堅持創造具突破性的革新，也許我們會抵達一個完全無法想像的世界，半導體或 iPhone 剛出現的時候，都是如此。任何人都無法預測臨界點何時會被打破，我相信創新是沒有界限的，所以無法認同許布納的看法，我相信，十年後會有智慧型手機，搭載能源蒐集的功能。

半導體，下一個劇本

磚頭，儲存能源的好容器

發電技術總會以無法想像的方式進步。現在雖然有水力、風力、地熱等多種發電方式，但你應該沒有聽過磚塊發電。沒錯，就是字面上的意思，把蓋建築物的磚頭拿來發電。只要在磚頭表面塗上特殊處理過的奈米纖維，就能吸收外部的各種電力，如靜電或摩擦起電等，然後儲存，不僅在地球，也能在月球或火星蓋建築物時使用。

8 大氣中的水，也能拿來發電

目前為止提到的都是用水發電，那在沒有水的地方該怎麼辦？假設你被困在沙漠裡，就算擁有最尖端的智慧型手機，搭載能用大氣中的水蒸氣發電的能源蒐集功能，在沙漠裡也派不上用場，剩沒幾口的水，浪費在智慧型手機上也不太明智。在沒有水的情況下，什麼事都做不了。

雖然這個例子比較極端，但並非和我們無關，過去二十多年來，中東地區持續發生戰爭，美軍在水源補給上遇到困難[28]；在非洲窮國的小孩，每天為了取水，平均得走六公里的路[29]，只要能喝水，就算混雜著泥沙也無所謂，因此導致許多疾病，到現在，水還是攸關生死的議題。

那麼，我們能不能製造出水？大氣中的水蒸氣

▲美軍使用的淨水設備 ASPEN 5500M。重達 77 公斤，如果再加上備用零件，重量會達到 127 公斤，一天最多能淨化 7,500 公升的水。

大概有一京三千兆公升，驚人的是，人類使用的只是全部的一〇%。那麼，我們可以將水蒸氣變成水，或利用能源蒐集的技術轉換成能量嗎？某位被《富比士》（*Forbes*）選為「三十歲以下的三十位亞洲領導者」的韓國學者做到了[30]。

達成此等創舉的學者名為金賢浩，他在MIT取得博士學位後，到KIST做研究，二〇二〇年轉到三星電子生產技術研究院。

二〇一七年四月，他在《科學》上發表了蒐集乾燥氣候中的水蒸氣、製造出水的水源蒐集（water harvesting）技術[31]。

他在攻讀博士學位時，已經成功利用金屬有機框架材料（metal-organic framework，簡稱MOF）這種新物質，在乾燥氣候中蒐集水分。

其實，創造水源的技術早就研發出來了，就是以電壓縮大氣中水蒸氣，但若想提高效率，就要使用會汙染環境的物質——冷媒，而且更根本的問題是，如果沒有電，就完全派不上用場。

不過，若使用MOF，就能解決這個問題。原理非常簡單，MOF表面孔洞有很多粉末，所以會吸收大氣中的水分來製造水，簡單來說，就是會像海綿一樣吸水，不需要電或冷媒，只要放著就行。

連在溼度不到二〇%的乾燥氣候，也能啟動，甚至能製造出比自身重量還多的水量，它唯一的需求就是太陽能。

金賢浩在亞利桑那州的沙漠裡，實際使用太陽能來獲取水，實驗結果發表在二〇一八年三月《自然通訊》上[32]；而且，MOF不會汙染水，所以取得的水可以直接飲用。我為了將相關內容做成影片傳到頻道上，也為了寫這篇文章，親自詢問金賢浩許多問題，他向我透漏道，現在學界正如火如荼的進行後續研究，尤其將焦點放在提高MOF的吸水量，以及無論高溫或低溫，都能順利運作的技術。

利用MOF蒐集水資源，能夠幫助許多人，尤其，不需要特別設備，就能直接取得乾淨的水，連低度開發國家都可以毫無負擔的使用。這麼一來，這種技術可以拿來賣錢嗎？其實美國國防部非常關注此技術，在軍事方面，收入應該會相當可觀。

用常識來想也知道，如果前線軍人的水源能自給自足，那就能省下補給的費用與時間，也不用冒著風險補給。長期在中東打仗的美軍，應該更清楚水的必要性。

當然，還有很多問題要解決，首先要降低費用。

金賢浩告訴我，MIT研究室正努力研發更便宜的吸附劑，除此之外，Zero Mass

▲在亞利桑那州沙漠運作的MOF，只憑太陽能運作，結構比ASPEN 5500M更單純。

Water、Water Harvesting 等新創公司在開發吸附劑上表現非常卓越，而他們得先越過這個門檻，才能正式商業化。

其實，儲氣槽或催化劑等領域先注意到MOF，因為它的表面積非常寬，最大的表面積為每克五千至七千平方公尺，作為參考，足球場的面積是七千一百四十平方公尺。目前，許多學者在研究該如何發揮這種特性，以儲存氫氣，只要成功，就能將大量的氫氣儲存在很小的空間裡，這將大幅助長氫動力汽車相關領域的研發。此外，他們將焦點放在接觸到水蒸氣之後會生熱的特性，也在研究如何儲存熱能。

簡單來說，要找出更便宜、吸水量更高，在更高或更低的溫度下也能使用的吸附劑。雖然看起來要走的路還很漫長，但金賢浩說，他相信這些問題都能被解決。如果這項技術真的能成熟，此物質將能解救許多人脫離缺水之苦，此系統等同從沙漠空氣裡取水發電，釋放出水蒸氣冷卻太陽能電池，來提升發電效率。

股神華倫·巴菲特（Warren Buffett）曾說：「今天人們能坐在樹蔭下乘涼，都是因為很久以前，某個人種了樹的緣故。」未來，若我們能使用蒐集水資源重新利用的技術，都要感謝今日許多研究人員的努力。

半導體，下一個劇本

水的歷史，比太陽還古老

生命體從水中誕生，假如說·火是由普羅米修斯（Prometheus，希臘神話中的泰坦之一，從太陽神阿波羅（Apollo）那裡盜走火種、送給人類）帶來的，那水是從哪裡來的？最近發現水的起源，是宇宙塵埃攜帶的冰塊結晶，這宇宙塵埃與新誕生的行星結合後，就形成了水，而太陽系裡的水也是經過同樣的過程製造而成。如果更深入探索水的起源，就能了解宇宙的奧祕。

小故事7

即將翻轉太陽能市場的鈣鈦礦

半導體市場逐漸變大，就表示半導體需求增加。我們周遭的電子產品越多、效能越好，就表示市場在持續成長，不過，有個領域必須同步擴增，就是能源。

大家應該都明白能源的重要性，也知道能源有多賺錢。英國曼徹斯特城足球俱樂部（Manchester City F.C.）老闆曼蘇爾・本・扎耶德・阿勒納哈揚（Mansour bin Zayed Al Nahyan）是阿拉伯聯合大公國的王室成員，二〇一五年，他的個人資產達到三十兆韓元[33]，他說他每秒鐘賺十三萬韓元，而讓他擁有這般財富的就是石油。

不過，最近石油的人氣逐漸下滑，不只是能源效率不佳，更重要的是會汙染環境。前面提到二〇二〇年九月，貝萊德宣告，往後會評估公司的ESG再投資，等於他們不會投資不在乎環境、對社會沒有貢獻的公司，貝萊德可說是華爾街的皇帝，說出的話舉足輕重。蘋果或三星說不定就是以保護環境為由，才在出售智慧型手機時，不提供充電頭。

除了貝萊德，現在連美國總統拜登也非常關心環保議題；一舉一動都是媒體焦點的馬斯克也加入再生能源市場，在二〇一六年收購開發太陽能電池的企業太陽城（SolarCity），雖然目前沒有太大的成果，但我也持續關注與特斯拉電動車連接後，能產生什麼綜效。現今能源市場的趨勢，就是對環境友好，而其中，最有希望的就是太陽能發電。

順帶一提，韓國從很久以前就在太陽能發電上下足功夫。根據產業通商資源部在二〇二〇年九月公布的報告，過去三十一年來，已經投入一兆一千億韓元，且每年持續擴增[34]。不過，該報告也批評，韓國跟其他國家相比較沒有競爭力，相關產業都落後美國、歐洲、日本、中國。

其中，被稱為太陽能的核心材料多晶矽（polysilicon）的市場，完全由中國占據，韓國國內第一的多晶矽公司 OCI 甚至因為抵擋不住中國的低價攻擊而宣布退出市場[35]。太陽能發電產業的技術門檻比半導體產業更低，終究是在比資金和生產力，而中國在這方面獲得壓倒性的勝利。

現在還有其他機會嗎？我敢斷言，肯定有。現在仍有相當多研究在進行中，而未來有望翻轉太陽能發電市場的，就是鈣鈦礦（perovskite）太陽能電池。二〇〇九年桐蔭橫濱大學教授宮坂力表示，能將鈣鈦礦用在太陽能電池上，並全力專注於研究。

鈣鈦礦比多晶矽的原子更少，多則三分之一，少則十分之一；因為發電效率很好，能使用在各種地方，從智慧型手機、電動車到各種建築物，甚至發電廠。更重要的是，它非常適合柔軟又輕便的穿戴型裝置；其中，最吸引人的優勢是在低溫下也能加工。

一般製造太陽能電池時，材料需要加熱到超過一千四百度，在那麼高的溫度下製造出沒有瑕疵的太陽能電池並非易事，不過，鈣鈦礦最多只需要加熱到一百度就能製造太陽能電池，厚度也是現有電池的六十分之一。

韓國對鈣鈦礦的研究是全世界最頂尖的水準。在成均館大學、UNIST、韓國化學研究院（KRICT）三方競爭之下，技術水準進步了。二〇二〇年，UNIST研究團隊讓鈣鈦礦太陽能電池發電效率達到二五．五%，創下全球最高效能[36]，以多晶矽太陽能電池發電效率為二六．七%來看，算是非常大的進步；市場效益也不差，綜合各家證券公司的報告，鈣鈦礦的市場規模將於二〇二五年達到四十三兆韓元。

▲鈣鈦礦太陽能電池，不僅發電效率高，也容易彎曲，能使用在各種地方，特別適合用於穿戴型裝置上。

前面簡單說明過，在太陽能發電產業裡，中國公司的競爭力非常高，不僅擅長低價攻勢，技術也很卓越。以中國太陽能板製造商晶科能源為例，他們在全球的新再生能源公司中，規模在LG化學之後，位居第十，但他們是唯一能生產出最高品質（AAA）太陽能電池的公司，因此要在現有的市場上贏過中國，非常不容易。

不過，鈣鈦礦比多晶矽更便宜，所以能勝過中國的低價攻勢，在技術方面，韓國更卓越，這是一場有勝算的較量。

其實，二〇二〇年九月，UNIST研究團隊在《科學》上發表發電效率達到二四．八二％的鈣鈦礦太陽能電池[37]，研究團隊用氟取代氫，改善鈣鈦礦無法防水的缺點；二〇二一年十月，UNIST研究團隊還開發出發電效率二五．八％的鈣鈦礦太陽能電池，再次創下世界新紀錄[38]。從宣告鈣鈦礦能使用在太陽能發電之後，僅僅過了十年，進步得如此快速，實在非常驚人。

堆疊型電池，突破多晶矽的極限

二〇二二年二月，KRICT研究團隊開發出效率更高的材料和製程，甚至被選為《自然》的封面論文[39]。研究團隊製造出的鈣鈦礦太陽能電池，發電效率是每一平方公分達到二三％，最大的成就是，體積變大後，效能沒有減弱，他們為了這點而開發出「缺陷更小」的新材料，在這邊所說的缺陷，是一種障礙物。假設路上突然出現一百公尺深、寬三公尺的坑洞，大部分的人都會不小心摔死，電子也是如此，而這種坑洞（缺陷）要縮得越小越好，電子才能輕鬆移動，提升發電效率。

如果只用鈣鈦礦製作太陽能電池，當然還是會面臨各種問題，像是它無法防水、壽命很短等。在我認識的學者中，也有不少人對鈣鈦礦抱持負面態度，但我很確定的是，現在發電效率及使用的體積，正逐漸接近能實際使用的水準。

另一方面，二〇一九年五月，UNIST與新再生能源公司新盛E&G研究團隊研發出堆疊型（tandem）太陽能電池，發電效率達到二一・十九%，這結果發表在《奈米能源》上[40]。堆疊型太陽能電池是「一加一」電池，突破多晶矽的極限來提升效能，簡單來說，就是同時使用多晶矽和鈣鈦礦；下圖中電極ITO（氧化銦錫）底下最厚的一層是多晶矽，上面最厚的一層則是鈣鈦礦。

如果只在多晶矽和鈣鈦礦中擇一使用，會有缺陷，那就乾脆混合起來，這很像同時使用汽油和電能的油電混和車。KRICT研究學者徐章元認為，這種堆疊型太陽能電池技術，將有助於提升鈣鈦礦的發電效率。在完美的鈣鈦礦太陽能電池開發出來之前，這種形式的「油電混和」，應該會先出現在市場上。

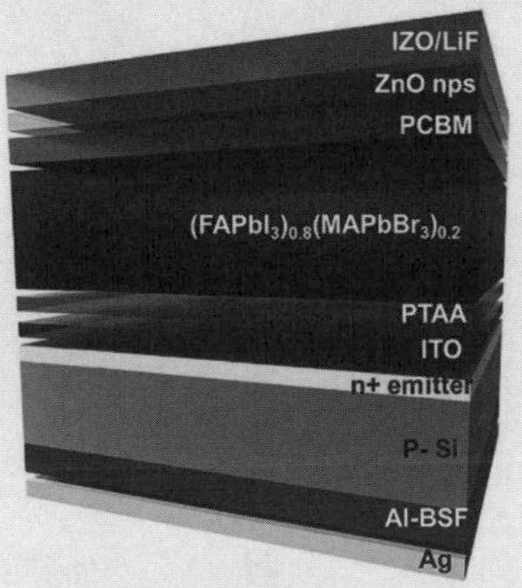

▲ 堆疊型太陽能電池結構。

前面提到，鈣鈦礦不僅能用於太陽能發電，也能應用在各種領域，也有人評論道：「鈣鈦礦即將從令人期待的明日之星，成為場上的選手。」[41]舉例來說，從智慧型手機、電視到顯示器，鈣鈦礦都將能取代現在的LED。其實，二〇一五年，首爾大學研究團隊已經宣布他們領先全球，首度將鈣鈦礦使用在發光體上，到了二〇二二年一月，則開發出超高畫質的顯示器，並發表在期刊《自然光子學》（*Nature Photonics*）上[42]。

未來還能應用於充電頭和記憶體半導體，說不定以後會出現放進小小的鈣鈦礦後，即可大幅提升充電效率的智慧型手機，或是純粹接受太陽光自行充電的智慧型手機。徐章元說，鈣鈦礦在半導體之外的領域也備受關注，KAIST教授申秉夏則同意，現在要認真考慮讓鈣鈦礦商業化。

總的來說，鈣鈦礦能用於太陽能發電，以這點來看，發展的可能性無窮大。就像未來學家庫茲威爾所說：「光是使用照射在地球上所有太陽能的一萬分之一，就能完美滿足所有能源需求。」

小故事 8 濃霧、暗巷中使用的汽車雷達，運用光子雪崩技術

在我的頻道裡，最常提到的國際學術期刊是《自然》、《科學》及《細胞》，這三者可說是學術期刊界的最高學府，前面提過，在NSC上發表論文，簡直就是美夢成真。知名的大學教授或技術水準最高的研究人員，也不常遇到這種光榮的事，所以，如果能以第一作者的身分登上NSC，不管之後想取得什麼機構的支援，連最基本的文件都不用提出就能獲得，等同一張超級王牌。

二〇二一年一月，KRICT的研究團隊被選為NSC的N，也就是期刊《自然》的封面論文[43]（跟上一則小故事裡介紹的KRICT研究團隊、二〇二一年二月被選為《自然》封面論文的研究不同）。該研究團隊發現全世界第一個能讓光子雪崩（Photon Avalanche）極大化的奈米粒子，此發現之驚人，媒體當然會大肆宣傳，而且，因為我曾拍影片介紹過此主題，所以我的頻道也迅速爆紅。

一般來說，**每當光要通過某個物品時，就會逐漸變暗，也就是失去能源。**假設有個體重六十公斤的人進去一間百貨公司，努力血拚五個小時，而且什麼東西都沒吃，結束後如果馬上秤重，至少會少個幾公克，因為能量被消耗掉了。

不過，光子雪崩卻違反這個常理。當小能量（長波）的光經過後，出現大能量（短波）的光，這種像雪崩一樣讓能量增加的現象，就是光子雪崩；嚴格來說，光子雪崩並不是初次被發現，不過，該研究團隊讓光子雪崩發生的幅度更大。

直接引用通訊作者 KRICT 學者徐英德的比喻，就是將身高（光）矮的小孩子放進裝有生長激素的箱子（奈米粒子）後再拿出來。以前就算放進一百個小孩，也不確定會不會有一個孩子能順利長高，但研究團隊製造出能讓四十個至五十個孩子都長高的箱子[44]；這等於效能改善了四十至五十倍，可說是非常驚人的成果。

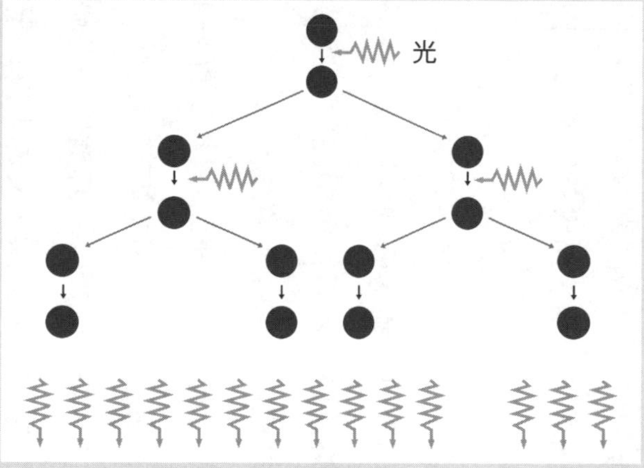

▲ 發生雪崩的過程；用光照奈米粒子好幾次之後，裡面的能量會放大，釋放出更強的光。

我把這內容做成影片上傳後，很多人問我，能量是從哪裡來的。我可以理解大家認為，出現了原本沒有的能量，但**與其說光子雪崩是得到什麼多餘的能量，不如說是小的光子能量合成後，變成更大的光子能量**，真的跟雪崩很像。

光子雪崩的可能性非常廣大，首先，可以用來作為太陽能電池，太陽能發電產業遲遲無法進步的原因，就是因為基本發電效率不佳，不過光子雪崩大幅改善了這點，因為小的太陽光子能量變成大的光子能量。

此外，還可以用在自動駕駛汽車上。**自動駕駛汽車的必備裝置之一是雷達，利用雷射掌握周遭空間，若遇到濃霧或非常暗的地方，光子雪崩會有很大的幫助**；在實驗室裡，也可以用來處理極小的物質，研究團隊曾經成功利用光子雪崩，觀測體積只有二十五奈米的物質。

研究團隊利用新開發的奈米粒子，讓光子雪崩的效果達到極大，而奈米粒子的核心，是銩（Thulium，化學符號為Tm，銩音同丟）這個特別的元素。研究團隊為了找出最適合的製程與費用，經過多次實驗得出的結果為，在銩的濃度超過八%的組合中，能製造出最適合的奈米粒子；這樣製作出來的奈米粒子是無機物，跟玻璃很像，雖然含有碳的有機物很容易腐敗，但無機物不會，數百年、數千年前製造的玻璃或陶瓷至今依舊維持原樣，就是最好的例子，這表示無機物的結構非常穩定。

往後的課題，就是讓奈米粒子變得更好。用前面的例子繼續說明的話，現在的箱子只能裝進一百六十公分以上的小孩子，然後讓他長到一百八十公分，目標就是改善到一百四十公分的小孩子也能進去，而且能在裡頭長高到兩百公分；也就是說，不僅要裝進更多能源，產出的能源還得更強。

我觀察此研究時能真心感受到，這是非常多科學家長期努力、不斷累積微小的結果才達到的成果。其實，徐英德於二〇〇九年在《先進材料》上，發表關於能發射出更大能源之粒子的研究，這次論文的通訊作者、哥倫比亞大學（Columbia University）教授詹姆士·薛克（P. James Schuck），同年也在進行類似的研究，兩人在此機緣之下，互相交流超過十年，為這次的研究奠定基礎。

研究團隊能觀測到二十五奈米的微小物質，也是因為有三名研究學者突破光的界限，讓觀測領域降到四百奈米以下，也就是美國非營利醫學研究所霍華德·休斯醫學研究所（Howard Hughes Medical Institute）學者艾力克·貝齊格（Eric Betzig）、德國馬克斯·普朗克研究院（Max Planck Institute）學者斯特凡·赫爾（Stefan Hell），以及史丹佛大學教授威廉·莫納爾（William E. Moerner）。他們在二〇一四年開發出超解析度螢光顯微鏡，而獲得諾貝爾化學獎。

所謂的科學，是什麼呢？若沒有巨人在前方探索真理並開路，今日就沒有讓我們如此驚豔的研究成果。當有人問牛頓如何達到那麼龐大的成就時，他回答：「我能看得比別人更遠，是因為我站在巨人的肩膀上。」

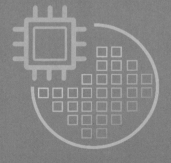

第4章

模擬五感的虛擬科技，比現實更真實

1 腦機介面，讓大腦和電腦合而為一

若電腦能完美讀取並分析大腦傳送的腦波，而大腦也能精準辨識電腦傳送的訊號，那麼，無論是在虛擬實境中做什麼，都能像在現實中親身感受。想達到這樣的水準，勢必有許多該越過的技術障礙。

首先，要完全掌握大腦動態並不容易，雖然現在可以穿戴VR頭盔、傳達觸覺的衣服，多少可以一嘗虛擬實境的滋味，但和這項科技能施展的最大潛力相比，仍太過表面。科幻影集《黑鏡》（*Black Mirror*）其中一集〈生死搏擊〉（*Striking Vipers*）裡，主角穿戴跟大腦連接、相互作用的特殊設備，在虛擬實境中玩格鬥遊戲。

說不定某天，我們真的能在虛擬實境中感受到痛苦、快樂、憤怒和愛等各種情緒，甚至能在某個時間點超越現實，比方說，兩個男生在進入格鬥遊戲後，一個男生可以選擇作為女生，另一個男生可以選擇作為男生，然後發生性關係；這麼一來，就會出現比真實更真實（連現實中的性別也沒有意義）的世界，要到這種程度，才能說是真正的虛擬實境。

為什麼我們會期待這種虛擬實境？二〇二一年三月，韓國偶像團體 Brave Girls 以〈Rollin'〉這首歌一炮而紅，這是二〇一七年三月發行的歌曲，卻過了四年後才成功紅起來。有人說：「這是因為我們想要相信，只要努力，總有一天能發光發熱。」大家都想超越現實的限制，渴望成為總是閃閃發光的某個人，而虛擬實境，就是其中最強的一束光。

想想看，九九．九九%的人都無法住在眺望漢江的頂層公寓中，不過，在虛擬實境裡就不困難了。現實中不敢出軌的人，在虛擬實境裡可以毫無顧忌的做到，算是發洩慾望的方式之一。如果在現實中明明是邊緣人，卻能在虛擬實境中成為大紅人，又會是什麼感受？

出生時的指定性別，在虛擬實境中能任意改變；一輩子租屋的無殼蝸牛，能在虛擬實境中住上豪宅；繳不起車貸的上班族，能在虛擬實境中開勞斯萊斯（Rolls-Royce）奢華車款 Phantom……更重要的是，如果你在虛擬實境裡做的一切，和在現實生活中的感受完全相符，那會怎麼樣？

可以肯定的是，**虛擬實境能刺激人類本能、突破現實框架，而實現此般科技的人，將揭開人類歷史的新篇章**。

想實現真正的虛擬實境，需要能正確讀取大腦訊號的技術，而近期出現的名詞——腦機介面，也就是所謂的BCI——就是這個概念的延伸。正如其名，腦機介面指的是大腦與電腦直接連結，透過腦波控制電腦的技術。

之所以要測量腦波，是因為使用起來最簡單、最確實，而測量腦波的方法，是直接在腦部裝上設備或戴上如頭盔的裝置。

在未來，不只能利用這個技術，在虛擬實境中建構出「我」這個角色，還可以在現實中自由操控輪椅、義肢或機器人。

美國國防高等研究計畫署（DARPA）與NASA率先進行相關研究，其實，韓國幾乎沒有人在研究腦機介面，但美國大部分大學與研究所都在研究中[1]，他們之所以會如此積極的研發這項技術，是因為虛擬實境馬上就會被大量使用。

假設有人的發聲器官嚴重受損，那僅僅是發聲器官受損而無法講話罷了，大腦還是持續發送訊號，如果能將這些訊號送到電腦，就能以喇叭代替他說話；腿受傷的人也一樣，儘管腿動不了，但大腦仍會持續傳遞「到那裡去」的訊號，如果這個訊號不是傳送到腿上，而是傳遞給輪椅，那他就能自由移動了。

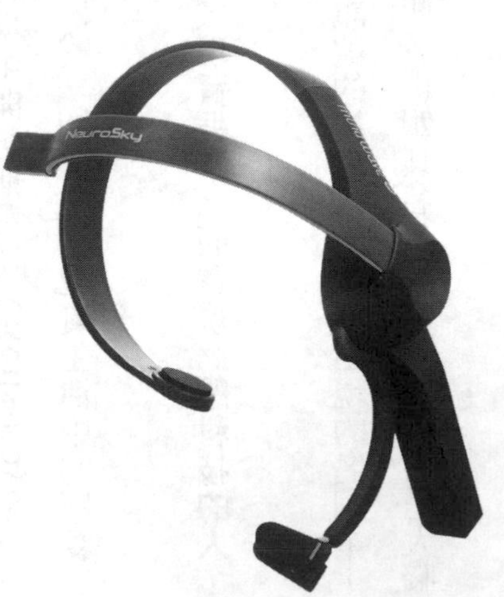

▲ MindWave Mobile 2，能即時測量腦波，也能觀察專注力等。

雖然仍有很多人認為，這種事只會發生在科幻電影裡，但研發各種腦機介面相關裝置的公司神念科技（NeuroSky），就在販售能讀取腦波的頭盔，名為Mindwave Mobile，價格非常便宜，約二十萬韓元左右；意思就是，腦機介面對某些人來說，已經成為現實。

大腦被駭，聲音和活動都被控制

當然，這項技術還有很長遠的路要走，其中一大重點，是必須解決資安問題。**如果有人駭入其他人連接大腦的裝置，等於能完全控制那個人的聲音和活動**，這樣該怎麼辦？更嚴重的是，如果連自由意志都被剝奪，該怎麼辦？

現在也一樣，光是電腦被駭，駭客就能自由使用電腦裡的所有東西，今天若是大腦被駭，光是用想像的就覺得非常可怕，不過，許多學者不考慮這點，因為腦機介面的技術目前仍在起步階段，認為不需要現在就開始擔心。

但其實，現在的腦機介面科技，就已足夠駭入人腦了。登上二〇二〇年三月的《國家科學評論》（*National Science Review*）、中國科技大學研究團隊的研究證明了這一點[2]。前面說明腦機介面時，提到電腦讀取腦波、代替人說話的例子，其實有一個系統，就是以類似的方式呈現文字。

當大腦想到某個詞彙時，會引發腦波P300或穩態視覺誘發電位（steady state visualevoked potential，簡稱 SSVEP）的反應，研究團隊利用此反應，將使用者腦中的詞彙，顯現在電腦螢幕上。

P300是一種反應腦波，會在受到視覺或聽覺等刺激後，於○．三秒後做出反應，若能利用這點，測量並區別使用者在看到A之後○．三秒的腦波、看到B之後○．三秒的腦波……一路到看到Z之後○．三秒的腦波，這麼一來，就能單憑使用者看的東西，來拼湊出他想表達的文字，而他們就是以這種方式，蒐集文字來建構詞彙出或句子。

至於SSVEP，則是反應視覺刺激的腦波，同樣以相似的過程來呈現文字。

研究團隊嘗試在這個過程中破壞腦波，也就是在電腦讀取腦波時，混雜一些細微到難以發現的錯誤訊號，這麼一來，就算使用者想A，電腦也會誤認為a。其實，如果是正常設定的系統，應該能過濾這種程度的妨礙，不過目前大部分系統都無法應對。

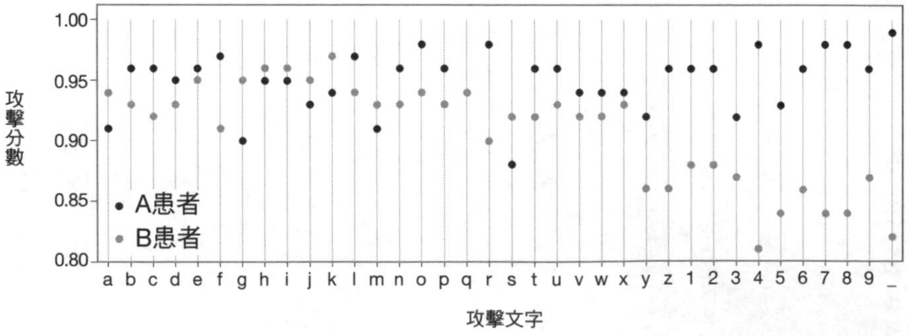

▲ 駭入大腦的結果。攻擊分數越靠近1，表示越能成功妨礙語意表達。在這兩位患者身上，所有字母都創下接近90%的攻擊成功率。

研究團隊輕輕鬆鬆就擾亂系統，並表示：「這個研究告訴我們，現在使用以腦波為基礎的系統，在資訊安全上有多麼不堪一擊。」

假設有個四肢麻痺的患者，全身上下只有眼睛能活動，當這位患者使用腦機介面，將自己的想法以文字呈現在電腦螢幕上時，卻有個心懷不軌的人駭入系統，那會發生什麼事？螢幕上若只出現駭客想呈現的內容，會嚴重侵害當事者的各種權利。

得知腦機介面的防護如此脆弱後，只能感嘆此項科技還有很長的路要走。如果要實現虛擬實境，別說是與大腦相互作用了，從連接開始就有問題。如果要妥善啟動虛擬實境，就要先精準的讀取腦波，還得避免被其他訊號侵擾，不過，這比我們想像的要難上非常多；就算是現在，我們也難以完全預防病毒或破解程式入侵電腦。

此外，此技術肯定也會引發倫理問題，因為讀取並解讀腦波，等同在窺探人腦，與使用者的私人生活密切相連。

愛因斯坦說過，想像力比知識更重要，其實，能青史留名的許多偉人，大部分都是愛幻想的人。

世上沒有完美的技術，所以怎麼使用真的很重要，美國著名天文學家卡爾·薩根（Carl Sagan）便曾說：「科學並不完美，它可能被惡意利用，不過是一種工具罷了。」

人工大腦有意識，那它有靈魂嗎？

現代科學能利用脊椎細胞，製造出非常原始的人工大腦。最近，人工大腦中出現了眼睛，所以備受關注，如果技術持續發展，讓人工大腦像真實的腦袋一樣，發送電子訊號而出現意識，那它也會有靈魂嗎？在以死豬為對象的實驗中，科學家成功救活了一部分的大腦，這種「死而復生」的豬，跟死前的牠是一樣的嗎？還是一隻新的豬呢？科學發展，始終無法跟倫理和哲學分開。

2 透過機器學習，半導體越來越懂你的心

讀取腦波後，以文字、聲音或特定行動表達使用者的想法，其實只是腦機介面的部分功能。更有趣的是，它會自主學習，不僅能正確理解使用者的想法，甚至還能預測。

想像一下，有一位大學生正在攻讀半導體，每天都會找一篇相關論文來讀，還會另外蒐集探討封裝製程的內容，在努力學習的過程中，某天突然很想打電動。他的內心開始糾結，這時，腦機介面突然自行啟動，將應該閱讀的論文目錄與封裝製程相關內容，整理成文書檔案，以電子郵件的方式傳送給他。這位學生打開檔案後，文件的第一句話寫著：「我只挑選出主人認為重要的部分，整理如下，請放心打電動。」那樣該有多方便？

最近資工和神經科學領域人員，傾注全力研究腦機介面，尤其將焦點放在提升速度與準確性上，也就是說，關鍵是腦機介面是否能達到人類思考的速度，以及是否能正確捕捉；這跟純粹辨識聲音的技術不同，因為要閱讀並理解腦波更為困難。

不過，二〇二〇年四月，舊金山大學（University of San Francisco）研究團隊研發出能

讓速度與準確性提升到極致的技術，並發表於《自然》的神經科學分冊《自然神經科學》（*Nature Neuroscience*）上[3]。

研究團隊先讓四位腦病變（按：包括腦中風、巴金森氏病、癲癇、頭部外傷或腦瘤後遺病、腦膜腦炎及老人失智症等病症）患者，說出或思考團隊提供的三十到五十個句子，同時，研究團隊在患者腦部貼上一百二十到一百五十個電極，讓電腦即時分析神經活動，最後，電腦抽出頻率七十至一百五十赫茲的腦波三次，分析並預測患者在想哪個句子。

那麼，到底電腦猜得準不準呢？評斷電腦猜中人腦活動的數值，是詞錯誤率（word error rate，簡稱WER）。根據二〇一四年華盛頓大學（University of Washington）研究團隊在《機器學習研究雜誌》（*Journal of Machine Learning Research*）上發表的研究[4]，以及二〇一七年，微軟的研究團隊在《IEEE/ACM音頻、語音和語言處理》（*IEEE/ACM Transactions on Audio Speech and Language Processing*）上發表的研究[5]，〇%是完美的水準，五%是專家的水準，二〇～二五%是可使用的水準。

舊金山大學研究團隊以WER為標準，測量四位患者的正確度，圖表的X軸是練習次數，也就是說，研究團隊增加練習次數，讓電腦自動學習、降低WER，這是一種機器學習。透過下頁圖表可以看到，練習次數不到五次時，WER非常高，但練習次數增加後，WER也等比例降低，表示電腦正在學習，以正確預測患者的想法。

B患者的數據特別極端，雖然練習次數不到十次，但WER已近趨於〇%。其他患者的練習次數如果超過十五次，WER就會降到二〇%，等同降到可以使用的水準。雖然可能會因患者不同而有所偏差，但只要透過短短四十分鐘的機器學習，就能讓腦機介面的正確度提高非常多。

雖然還未臻完善，但至少已經降到可以使用的WER水準，這個實驗確實非常厲害。在這之前，沒有出現過能如此精準的分析腦波的系統。專業的翻譯人員說，翻譯時，整體內容中至少會翻錯五%，但有一位病人的WER幾乎降到〇%，表示電腦比翻譯人員還厲害。

更重要的是，這是第一次有提出具體數據，說明人說話時，腦中會發生什麼事的研究，以這點來看意義非常重大。這也是為什麼，這個研究會登上《自然》的分冊。

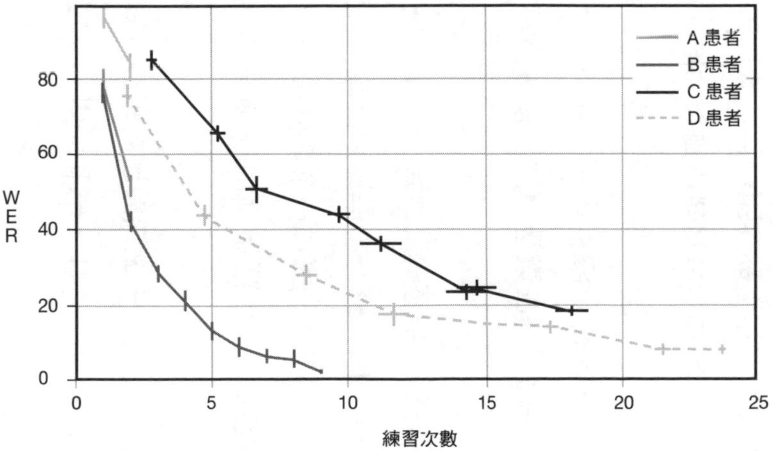

▲ 腦病變患者的 WER，練習次數越多，WER 就降得越低。

當然，這項技術仍有其限制，我們來看看以下句子：

- 「那菠菜是有名的歌手。」
- 「幾個大人和孩子被吃掉了。」
- 「綠洲是幻想。」
- 「那裡有個幫忙偷餅乾的重症男子。」

這些語意不通的句子，其實是電腦的錯誤解讀。如「那菠菜是有名的歌手」這個怪異的句子，原本應該是「那名音樂家展示美妙的和弦」。更重要的是，實驗對象僅有四位病人，而且只用五十幾句話來研究，所以進步的空間還很大。荷蘭馬斯垂克大學（Universiteit Maastricht）助理教授克利斯蒂安．赫夫（Christian Herff）說：「與其說電腦在閱讀人的想法，倒不如說電腦在翻譯人說話時，其大腦的活動。」[6]

想看到電腦正確讀取人類想法，可能要等到很久以後的未來。用想的跟用嘴巴說出來，兩者造成的大腦活動非常不同，儘管如此，此研究還是為讀心術打下了基礎，赫夫說：「雖然能讀取人心的技術，是很久以後的事，但相關研究依然會持續下去。」

所以，**數十年後，電腦一定能完美讀取人類的想法，並代為處理或幫忙**。比方說，早上醒來時，想知道今天的天氣如何，電腦就會立刻搜尋今日天氣；肚子開始餓的時候，電腦知道你想吃什麼料理，甚至幫忙預約餐廳，這種功能對身心障礙者尤其有幫助。

電腦之父艾倫・圖靈（Alan Turing）預測，將來大家都能隨身攜帶小型電腦，但當時沒有人認真看待他的願景，不過，最後真的如他所說，今天許多人手中都拿著小型電腦——智慧型手機。他說：「將來人們會攜帶小型電腦，在公園裡散步並和彼此分享：『早上我的小電腦跟我開了一個有趣的玩笑。』」

半導體，下一個劇本

腦機介面客群廣，救護人員也要用

測量腦波的技術，從很久以前就一直用在醫療現場或研究室裡，但為了正確測量腦波，總會遇到一個困難，就是必須在身上掛滿各種設備。不過，自從大型企業也開始研究腦機介面後，他們開始快速簡化相關設備；近期甚至開發出一種技術，只要使用僅有四十二公克的小型發射器，就能正確測量腦波並無線傳輸。研究團隊與神經科學公司簽約後，正在加速腦機介面的商業化。

小故事9

量子力學，保護你的隱私

雖然現在沒有法令，但駭入大腦明顯就是犯罪，因為駭客不僅會控制你的想法和行動，還能任意奪取腦中的各種資訊。這就是連接大腦和電腦時，我們更該重視隱私的原因，而保護我們隱私的核心人物，其實是量子力學。

如果在拋出硬幣後快速抓住，那麼，直到手掌打開之前，我們都無法得知硬幣是正面還是背面朝上。你可以猜測硬幣的狀態，但沒有人能百分之百確定結果為何；在這種情況下，量子力學會解釋成，硬幣的狀態同時是正面朝上也是背面朝上。簡單來說，就是各種狀態同時存在。

二〇一五年，神經學家葛列格・蓋奇（Greg Gage）上臺參加TED演講時，示範了一個非常有趣的實驗。他在一位女觀眾的手臂上貼上電極，然後即時分析女觀眾腦中的作用。

舉例來說，當大腦傳送訊號給手臂時，就能透過貼在手背上的電極確認訊號，且所有訊號都會記錄在電極連接的電腦上；接著，他把與女觀眾的電極連接的另一個電極，貼在一名男觀眾的手臂上，結果發生了非常驚人的事：男觀眾的手臂按照女觀眾的想法活動。當女觀眾彎曲手臂時，男觀眾的手臂也不由自主的彎曲，表示女觀眾大腦傳送的訊號，影響到男觀眾的手臂。

以上實驗，是否讓你起了雞皮疙瘩？我敢斷言，我們很快就會經歷到類似事件。就像前面所說，與大腦連接的電腦，不僅能聽懂大腦的指令並執行，還能預測大腦喜歡什麼。就算我只是有了「今天想吃炸雞」的想法，電腦早已分析過我平常愛吃的口味，為我推薦最適合我的炸雞店。雖然看起來很方便，但反過來想，透過電腦，有心人士能竊取我的所有想法和資訊。

電腦被駭客入侵，損失的只有裡頭的資料，但萬一是大腦被駭，你甚至可能失去自我，包含你的自由意志。前面說過，駭入大腦其實不難，都已經有實驗成功擾亂電腦，害電腦錯誤讀取腦波了，以理論上來說，在電腦傳送腦波時，完全有可能在中途竊取。

但是，我們也不能因此阻擋「超級連接」的趨勢來

▲ 蓋奇的實驗畫面。女觀眾彎曲手臂時，男觀眾的手臂也一起彎曲，蓋奇將此形容為「偷走自由意志」，掃描 QR Code 即可觀賞完整影片。

臨。我最近買了幾盞燈，回家後，電燈就自動亮了起來，還能用手機自由調整顏色和亮度，往後會有越來越多這種相互連接的電子產品。在這種趨勢之下，我們的大腦不可能遠離網路與科技，所以更應該著重於解決資安問題。

光子，用0和1組合而成的鑰匙

最受關注的解決方案，是利用光子傳送資訊的量子通訊，這時，光子擁有量子力學的特性，也就是說，在測量之前都無法得知是何種狀態，無法得知光子會往哪個方向轉動，也無法正確掌握位置；講得更精確一點，是還沒有被決定。

舉例來說，假設有個人想知道我的一舉一動，但我是自由業者，行程很不固定，可能某天突然想看海，就開車去東海，偶爾騎腳踏車繞漢江一圈，或是走到社區的便利商店，所以在我真正出發之前，我擁有所有可能性，光子的狀態也類似於此。

這就是使用量子通訊的原理。資訊加密後，可以安全傳輸，而收訊者和發訊者都有鑰匙。如果只有一方擁有鑰匙，資訊就無法分享，那密碼就是失敗的密碼。密碼的功能是防止資訊外流，並非將資訊永遠封印起來。這時，鑰匙就是0和1的組合，資訊也是0和1的組合，所以是尚未確定的狀態。像這樣以鑰匙測量未知狀態的資訊，就得等時間到了才能確定數值，而因為一開始資訊尚未確定，所以能夠解決資安問題。

我親自詢問了KIST量子資訊研究團長韓尚旭教授，結果我聽到出乎意料的完美答案。理論上，量子通訊非常安全，起碼不需要擔心在大腦與電腦通訊的過程中遭駭，但附屬系統與裝置會有被攻擊的風險。儘管如此，很清楚的是，量子通訊是非常優秀的保護資安的方式。

這麼說來，那量子通訊具有多少經濟價值？借用韓尚旭的說詞，答案是大到無法輕易估算。

目前，韓國正努力搶占這個龐大市場。以國家級的研究機構來說，KIST最先在二〇一二年建立專業組織，帶領量子通訊、量子電腦、量子模擬等研究；其實，KIST已經建構全球第一個多方量子通訊網，將擁有密碼的五臺終端機，以一對四的結構，在各分離十公里的情況下，嘗試量子通訊後獲得成功；此外，KIST也跟現代重工業合作，構建保護國防產業及產業技術的資安體系。

不過，客觀來說，韓國的技術差強人意，據說，跟

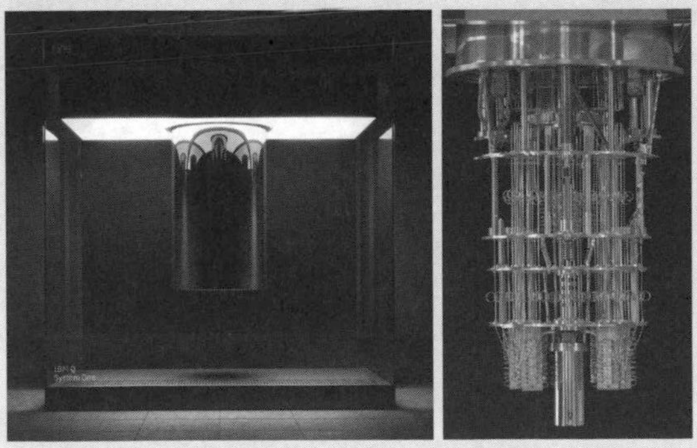

▲ IBM 開發的量子電腦 IBM Q，拆除圓筒形的冷卻裝置後，就能看到其真面目；目前在量子電腦開發方面，IBM 和谷歌遙遙領先其他企業。

全球水準相比約落後五年。無論量子力學的技術為何，難度都非常高，就算投資龐大的費用和時間，仍可能無法立刻獲得成果，不過，只要持續嘗試，最終一定能獲得有價值的結果。

有人批評，量子力學的研究由少數天才所帶領。這句話說得沒錯，因為一般研究學者根本不敢投入這個領域。實際上，許多研究學者原本都懷抱熱情投入，後來卻屢屢受挫。我詢問韓尚旭在量子力學研究方面需要何種相關素質，結果他告訴我一個故事。

二〇二〇年，美國物理學會（American Physical Society）內部有個傳聞，研究量子力學技術及如何商業化的企業，都難以招募人才，因為量子力學專家都認為，要靠量子力學開發出實際使用的商品很困難，商品開發者也很難理解量子力學。

到頭來，想製造出使用量子力學技術的優秀商品，就要由各領域的研究學者絞盡腦汁，所以，就算不是主修量子力學的人，也有充分的能力挑戰，實際上，無論是谷歌還是IBM，在開發量子電腦時，資訊工程系、電子工程系比主修量子力學的人更多。韓尚旭說：「優秀的演奏家就算不知道鋼琴的原理，也能透過演奏感動許多人。」

3 《鋼之煉金術師》的義肢技術，化為現實

日本漫畫《鋼之鍊金術師》以煉金術為題材，主角為了讓媽媽復活，嘗試「人體煉成」，結果失去一邊的手和腳作為代價。主角變成殘障人士後，就得要帶著鋼鐵做的義肢，於是被稱為「鋼之鍊金術師」。在漫畫中將義肢稱為「機械鎧」，能夠接收神經傳送的訊號，像真正的手臂一樣活動，跟我們一般所想的義肢不一樣。

小時候第一次看到這套漫畫時，覺得機械鎧在現實生活中絕對可能出現，不過，只要認真想一下，就能知道這絕對不是易事。以常識來想也知道，從神經流出的電流再怎麼強，能強到哪裡去？大腦傳遞出來的細微電子訊號，要跟機械連接，是非常困難的事。

不過，不久前發表的一項技術，解決了這個問題，二〇二〇年三月，密西根大學研究團隊在《科學轉化醫學》（*Science Translational Medicine*）中介紹了再生周邊神經介面（RPNI）[7]。研究團隊將手臂肌肉神經與機械義肢連接，讓義肢能像真正的手臂一樣活動。

前面提過，神經流出的電子訊號非常微弱，還有各種電子訊號摻雜，非常混亂，所以想

正確挑選出目標電子訊號並放大，是非常困難的事情。

因此，研究團隊將身障人士手臂截肢的部位末端接上電極，解決了這個問題。據說，他們成功以此方法，讓機械義肢活動三百天。這次研究最有意義的部分，在於他們是將電極接在手臂、而非大腦上，大幅降低了傷害使用者的風險，真的像《鋼之鍊金術師》那樣，只要組裝機械義肢在手臂上就行了。到目前為止，有超過兩百位身障者，享受著這項技術帶來的好處。

當然，這種機械手臂還是有缺點，因為電極必須一針一針的種在神經上，過程非常痛苦，最初參與的七位病人中，有三位選擇中途放棄。

此技術會如此受到大眾關注，是因為它可被運用的領域非常多樣，雖然最早是用於改善身障人士的生活，但如果與物聯網結合，就會帶出完全不同的可能性。

舉例來說，有一對遠距離的情侶，已經超過一個月沒見，想要擁抱彼此，這時，如果其中一方戴上操控機械手臂的手套，像是摸到對方臉頰那般活動，那麼，對方家裡安裝的機械手臂也會以同樣的方式活動。若這隻機械手臂上設置了與手套相同的觸覺、溫度感測器等，就能直接感

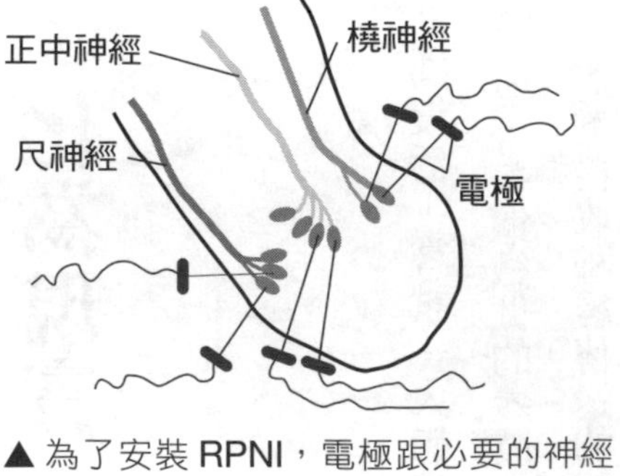

▲ 為了安裝 RPNI，電極跟必要的神經相連。可視為神經的延伸。

受到對方皮膚的觸感與溫度。

雖然光是想像這個畫面，可能會覺得哪裡怪怪的，但這其實就是「遠端作業」的概念，消除了物理上的距離。

其實，傳達觸覺的技術也正在研究當中。二〇一九年七月，新加坡國立大學研究團隊使用異步編碼電子皮膚（asynchronous coded electronic skin，簡稱 ACES），比人類的神經系統傳達電子訊號的速度還快上一千倍，能讓觸覺能力達到最大，這個結果發表在科學期刊《科學機器人學》（*Science Robotics*）上[8]。同年十一月，香港城市大學研究團隊研發的人工皮膚，亦登上《自然》[9]。

近期，這類型研究如雨後春筍般發表，結果非常優秀。在未來數年到數十年間，有很高的機會商業化。舉例來說，二〇二一年 Galaxy Z Fold 3 推出時，博得眾人的盛讚，這臺智慧型手機正如其名，螢幕可以折疊，但此項技術並不是某天突然出現的。雖然不是我專精的領域，沒辦法說是百分之百確定，但我稍微做了功課，發現差不多十年前，韓國某學術期刊上收錄的論文提到：「使用超薄玻璃層（ultra-thin glass，簡稱 UTG）就能製作出可折疊的顯示器」[10]。

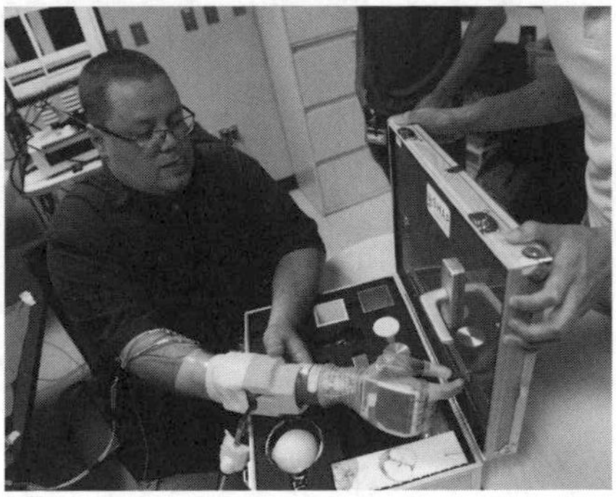

▲ 安裝 RPNI 後的情況，能像實際手臂一樣做出非常精細的舉動。

再往回十年，在二〇〇〇初期也有相關論文，甚至有一個專利在一九六三年便已經申請，也就是說，可折疊顯示器在商業化之前，花費了數十年的時間。這個故事告訴我們兩件事：第一、數年到數十年後，腦機介面才會出現在生活中；第二、儘管看似漫長，但那天一定會到來。

也許有人會反駁說，只是幾篇論文而已，何必這麼大驚小怪。不過，大部分的創新都是從「幾篇論文」開始的。若沒有姜大元一九五九年設計MOSFET的論文，就不會有今日的半導體；若沒有匈牙利裔物理學家丹尼斯．蓋博（Dennis Gabor），於一九四八年發布關於光的分布的論文，根本不會有全像投影的概念；沒有愛因斯坦於一九一五年建立廣義相對論的論文，就不會有現在我們日常生活中的許多技術，如導航和人造衛星等，這種例子多到數不清。

當然，大部分的研究來不及見到光就死了，但創立了諾貝爾獎的阿佛烈．諾貝爾（Alfred Nobel）曾說過：「就算一千個想法中，只有一個是有用的，我也滿足了。」如果我在書中介紹的各種技術中，能有一項能幫助你建立未來計畫或投資策略，我也會感到滿足。

先看到的人，就能預先擬定策略，正如未來學家艾文．托佛勒（Alvin Toffler）所說：「如果你沒有策略，你就是別人的策略的一部分。」

半導體，下一個劇本

虛擬實境加上擴增實境，增加手術成功率

虛擬實境跟擴增實境的差別很明顯，前者是讓人體驗到虛擬的現實，後者是在現實中加入各種資訊，而這兩個加總起來就會得到 XR（extended reality），也就是延展實境，等於將現實中的資訊反映在虛擬實境中，同時也在現實中適當的加入虛擬實境。

近期，在醫療現場中也會使用 XR 技術，因為能模擬患者的身體與手術過程，事先觀察並找出最適合的方法。

4 數位時代的思想控制，從衣服讀取想法

二〇二一年三月，復旦大學研究團隊在《自然》上發表了很驚人的研究[11]，他們製造出發光纖維，能像衣服一樣清洗後晒乾，也能捲起並延長，據說洗一百次也不會壞。剛剛還在講大腦駭客、機械手臂等科技，這裡突然提到洗衣服，可能讓你有點意外，但我想強調，這項技術真的不簡單。

一般來說，這種研究的主角通常都是體積很小的材料，也就是先開發手掌大小的材料後，再發表一項研究，說明該材料有新的可能性；但是，這份研究使用的材料長二十五公分、寬五公分，足以做成一件衣服。該團隊以硫化鋅螢光劑做成發光纖維，再用「數位縫紉機」編織出「布料」。

如此製造出來的布料，能發揮顯示器的功能，也具備了適合穿戴型裝置的所有特性。不僅輕薄、能彎曲，還防水。

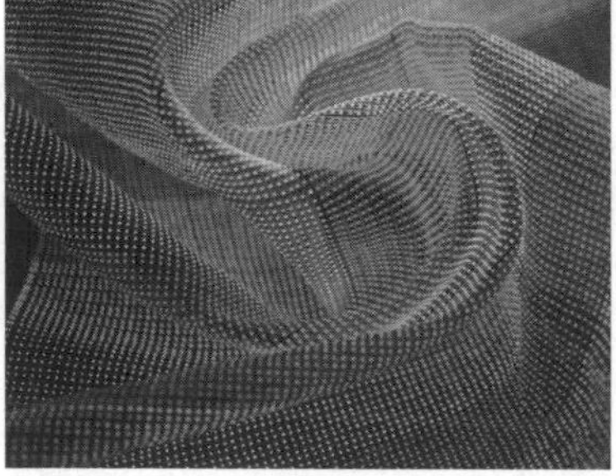

▲復旦大學研究團隊所開發的發光纖維。

做成衣服的模樣後，只要再貼上輕量級的AP或電池，就像穿著智慧型手機一樣，想要打電話、看簡訊、用地圖找路時，相關資訊都能即時出現在衣服上，不需要另外拿手機。

如果跟腦機介面結合，衣服就能即時呈現想法。論文裡有一張照片是，無法說話的人將字句呈現在衣服上，藉此與他人溝通，通訊作者彭慧勝說：「將測量腦波後得到的訊號，與發光纖維結合，可以期待往後將成為讀取人類內心的翻譯機。」

這項發明竟然能讀心，讓我想到前面提到的研究，此外，更令人擔憂的是駭入大腦的問題。中國為了統治人民，高度發展人臉辨識技術，也建構密密麻麻的相關基礎設施，如果現在還能把想法呈現在衣服上，可能會最先商業化。

研究團隊在論文的最後寫道：「希望以後發光纖維，能作為溝通用途使用。」這個研究最可怕的就是，這很容易被當成控制人的工具。**腦波不會說謊，如果你的腦波能被解讀，就能精準翻譯出你真正的想法，想找出不認同你的想法的人，這是非常有效率的方法**，所以這項技術勢必會成為一道雙面刃。

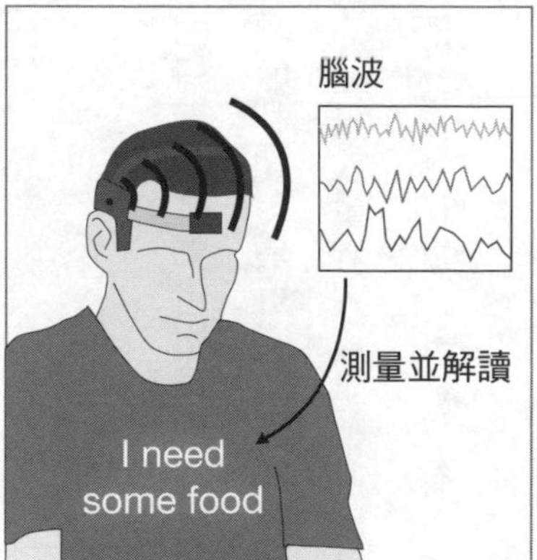

▲ 發光纖維能連接測量腦波與解讀裝置，能提升身心障礙者的生活品質，也可能被用於監視與控制上。

往好的方面想，這將會大幅改善身心障礙者的生活品質，翻譯技術更進步後，就算語言不同，也能輕易溝通；但若朝較壞的方面想，如果政府規定人們必須穿上以發光纖維製作的衣服，藉此即時監視並檢查衣服上呈現的想法，反倒會建造出一個反烏托邦。

喬治・歐威爾（George Orwell）的小說《一九八四》（*Nineteen Eighty-Four*）裡，就有一個神祕的獨裁者——老大哥（Big Brother），他觀察並監視所有人，人們不斷看到、聽到並記得一句話：「老大哥在看著你。」

半導體，下一個劇本

你按的每個讚，背後都有人獲利

你應該有過這樣的經驗，在網路上搜尋某個東西時，旁邊廣告出現的正好是你感興趣的商品。有些人想透過蒐集、回報使用者的想法賺取利潤，最近關於此問題的討論越來越熱烈。以臉書為首的許多社群軟體及入口網站，蒐集大量個人資訊，並透過廣告賺取收益，如果能立法阻止，這些企業將受到相當大的打擊。由此可知，法律、經濟和科技，是纏繞在一起的複雜議題。

5 殺敵的刺激和痛苦，完全沉浸的觸覺體驗

我想再多說明一下前面提到的〈生死搏擊〉，因為這個例子最適合用來解釋我將介紹的研究，並估算其價值。在《黑鏡》的這一集裡，出現完成度非常高的VR設備，主角丹尼（Danny）與朋友卡爾（Karl）沉浸在這個格鬥遊戲中，在遊戲裡，從被揍的痛苦到發生性行為的快感都相當逼真，這就是真正的虛擬實境，讓人無法區分與現實的差異。

人類文明的第一代通訊媒體是收音機，也就是收聽；第二代是電視，以及之後出現YouTube平臺等，也就是收看；我認為，往後將出現的第三代通訊媒體，是高水準的虛擬實境，也就是與人腦相互作用後，刺激全身的感知。

現在，YouTube是世上最大的通訊媒體，但這個地位未來將被搶先占有虛擬實境的平臺奪走。其實，最近出現這種跡象的，是電玩市場。

韓國電玩產業著重於類似賭博的「扭蛋機制」上，在技術與創新等方面，遠遠落後國外的虛擬實境電玩，甚至連韓國國會也出現類似消息。於二〇二一年十月進行的韓國文化體育

觀光國政監察（按：國會議員對以政府為首的國家機關進行監察、批評社會問題的公開聽證會），會議中展示了國際電玩公司維爾福（Valve）的《戰慄時空：艾莉克絲》（*Half-Life: Alyx*）。這個電玩需要穿戴VR裝置，遊戲完成度非常高。

國會議員看到時強烈檢討，為什麼跟維爾福同期創立的韓國網路遊戲公司恩希軟體，還無法超越《天堂系列》（按：由恩希軟體開發的熱門韓國遊戲）的水準，要打破惰性、趕快革新才行。

二〇二一年三月，美國電玩公司機器磚塊（Roblox）已經成長至進入紐約證券交易所，市價總額達到五十兆韓元。機器磚塊開發出同名的遊戲建立平臺《機器磚塊》（*Roblox*），能直接創作各種電玩，每個月有超過一億五千萬人遊玩，打造各種不同設定的虛擬實境。正因為有這種特性，而成為元宇宙的代表性平臺。

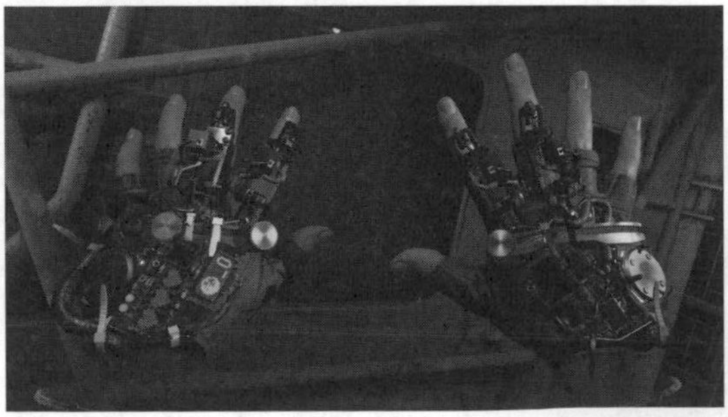

▲在《戰慄時空：艾莉克絲》看到「我」的手。

不過，還是有很多人認為，虛擬實境是很久遠的未來。二〇一六年二月，Meta創立專門研究虛擬實境的團隊，並宣布這將成為往後的核心服務[12]，當時看到這個新聞，我就覺得虛擬實境產業一定會成功。

其實，虛擬實境相關研究，比我們所想的還要更早開始。仔細想想，元宇宙概念可是來自一九九二年尼爾．史蒂芬森（Neal Stephenson）的小說《潰雪》（*Snow Crash*）。

為什麼包含我在內的大多數人，都無法事先看到時代的流向，總是晚人一步呢？可能是因為，在產業剛成長的初期階段，我們沒有大膽投資的勇氣，也沒有種子基金（按：專門投資於創業企業研究與發展階段的投資基金），不過，最大的問題還是無法察覺到時代的變化。

公認為全球十大管理學者的莉塔．岡瑟．麥奎斯（Rita Gunther McGrath）指出，人們都要等到一切都完全改變時，才發現時代變了，但變化從很久以前就開始了，只是還沒有顯露出來，所以覺得好像沒有動靜。舉例來說，二十年前隨處可見錄影帶店，雖然有人會非法下載並散播電影或音樂，但當時串流服務尚未成熟。

然而，當時並非沒有串流服務，而發現其潛力的里德．哈斯廷斯（Reed Hastings），也就是全世界最大串流服務平臺網飛（Netflix）的創辦人，他說：「創業後，我曾誇口說到了二〇〇二年，串流服務將會負責五〇%的媒體傳播，但當時只有〇%；後來我說，到了二〇〇七年將會如此，但依然只有〇%。我不斷等待，才發現時候到了。」[13]

創新就是這樣，準備了很久之後，某天突然爆紅。我們已經看到許多案例，虛擬實境也是如此，機器磚塊剛開始提供服務是十五年前的事情，也就是二〇〇六年。

這十五年間，你有聽過機器磚塊的名字嗎？創新就是要這樣慢慢準備，但是，機會還沒結束。現在虛擬實境提供的服務還很表層，未來還很漫長，如果想達到《一級玩家》或《黑鏡》內出現的水準，至少要等上十年。在這十年間，你的耐心可能會被消磨殆盡，等到很久以後，自己也在享受精緻的虛擬實境時，才察覺到時代改變了。

遠距溝通，也能感受到對方手心的溫暖

最近，只要是名稱含有虛擬實境的服務，特別是遊戲，大家都會當成是很久以後的事，因為以各方面來說完成度都還很低，不僅畫質差，能享受的內容也不多，更麻煩的是，身上還要掛滿笨重的VR裝置。此外，最先商業化的VR頭盔就超過一百萬韓元，非常沉重、難以久戴；傳達觸覺的衣服等技術不僅尚未成熟，價格還非常昂貴，以一般使用者的荷包來說，根本無法想像。

然而，總有一天我們會開發出能即時與大腦相互作用、辨識腦波並刺激大腦的VR裝置，那麼一來，大家都能成為現實中無法經歷的各種冒險故事的主人翁。

光是用滑鼠和鍵盤玩召喚峽谷（按：遊戲《英雄聯盟》〔*League of Legends*〕的地圖）就這麼好玩了，如果能親身進去那裡，實際感受攻敵的刺激及被攻擊的痛苦，那股沉浸感肯定無法比擬；若能在這種水準的虛擬實境出現前，搶先投入市場，肯定能大賺一筆，因為這

是尚未開發的市場。所以，最好現在就先找好相關公司，持續追蹤，我自己也持續密切的關注虛擬實境、擴增實境、元宇宙的相關公司及加密貨幣，我認為總有一天，一定能親身體驗破壞性的暴漲。

你可能會問，所以，具體市場價值到底有多少？二〇二一年，虛擬實境和擴增實境的市場約達到一百一十兆韓元[14]；根據 Strategy Analytics 的預期，二〇二五年會超過三百三十五兆韓元[15]。作為參考，YouTube 在二〇一九年整年的銷售額，是十八兆韓元，一比較下來，就能看出虛擬實境產業龐大的市場價值。

有些相關研究值得注意，前面稍微提過香港城市大學研究團隊的實驗，是傳送並接收觸覺的人工皮膚，他們在《自然》上發表的論文中，第一句話便寫道：「**虛擬實境與擴增實境的未來，不僅是生動的視覺與聽覺，還有讓使用者完全沉浸、實際感受的觸覺。**」

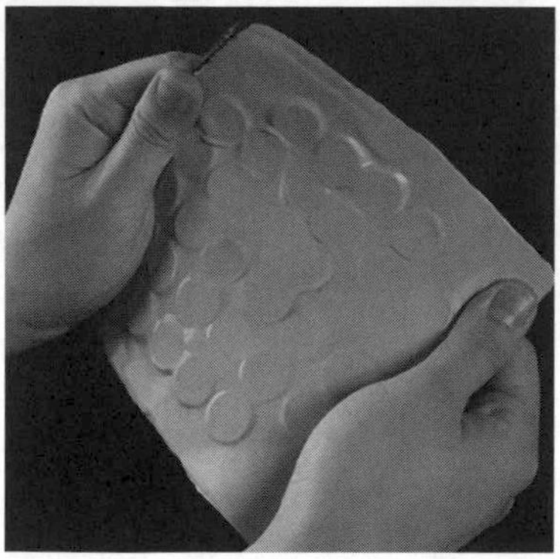

▲ 香港城市大學研究團隊開發的人工皮膚，可自由彎曲。

在這樣的期待之下開發出來的人工皮膚，沒有電線或電池，可彎曲後貼在皮膚上，就算反折也能維持機能，更重要的是，也能傳遞並接受物理性的刺激。當然，目前仍無法直接與大腦相互作用，以這點來說，還不是完美的VR裝置，因為大腦傳送的電子訊號不會引發觸覺反應，只是刺激身體而已，但這已經是很大的進步了。

人工皮膚薄得像膜一樣，共有九層，中間有銅，能傳送並接受電子訊號（導電最好的是銀，但因成本考量而使用銅）。儘管含有金屬，卻非常容易彎曲。當然，銅是柔軟的金屬，但要像皮膚一樣柔軟的彎曲，真的不得不佩服他們的處理技術。

人工皮膚的核心是好幾個以磁鐵和線圈構成的執行器（actuator，又稱致動器），植入在矽層中間，所以會凹凹凸凸，在接受電子訊號後，一秒鐘可以震動超過兩百次來施加刺激，強度可以細膩的調整，每個執行器都會讓各個部位有不同感受，能非常細緻的刺激觸覺。

一旦商業化，用途將會更多樣化。舉例來說，把人工皮膚貼在跟媽媽距離遙遠的嬰兒背上，這樣當媽媽做出撫摸的動作時，人工皮膚就會將那個觸感傳達到嬰兒身上，在簡單進行的實驗中，嬰兒露出非常滿足的反應[16]。

我認為，人與人在對話時，肢體接觸很重要，不是有句話說，身體距離遙遠，心也會覺得遙遠嗎？在不得不分開的情況中，能傳遞觸覺的人工皮膚，是個不錯的替代方案，一旦推出產品，一定會大賣，廣告文案可以寫成：「**無論分隔多遠，還是能感受到手心的溫暖。**」

還有另一個很有趣的地方，該研究團隊說，這次開發的人工皮膚沒有電池，那麼，是怎麼啟動的呢？答案就是能源蒐集。由於這是貼在皮膚上的裝置，如果電池有瑕疵而爆炸就完蛋了。所以，執行器裡使用線圈，線圈的設計不僅是用來啟動裝置，也能蒐集散落的電能並分配，原理很好懂，跟我們常用的近距離無線通訊（NFC）一樣，線圈靠近時就會形成磁場，讓電子移動，藉此蒐集流動的電流。

以各方面來說，這都是商機。單看這個研究就知道，裡面藏有許多未來技術。雖然無法看出哪些公司會在虛擬實境的市場上獲利，但新興技術總在我們沒有察覺到的時候，悄然的被發現，而賺到錢的就是提早掌握先機的人。佩吉在帶領谷歌時，總是強調這個原則：「優秀的想法在被視為優秀的想法之前，都是瘋狂的。」

半導體，下一個劇本

理工男愛因斯坦也充滿感性

小時候的愛因斯坦充滿童真與好奇心，想要看到光束，這為狹義相對論種下了種子。科學技術的發展，往往就是像這樣，從非常單純的好奇心開始；雖然可以賺錢、獲得名譽很好，但就根本來說，一切都是因為想要了解，才開始研究，所以科學技術終究是人類導向，科學和感性其實是互通的。

6 螢幕上的炸雞，一樣聞得到、嚐得到

在電腦之父約翰・馮紐曼（John von Neumann）與圖靈的研究中，可以看到神經元（neuron）、軸突（axon）和突觸（synapse）等詞彙，這些都是神經學的概念，為什麼一位物理學家兼數學家，和一位資訊工程學先驅者，他們的研究中都會出現神經學的概念？那是因為在一九四〇年，說明電腦時只能以大腦為例。

首先，大腦裡有超過八百億個神經細胞，效率高到驚人，也能快速傳遞並接收電子訊號，燃料消耗功率也很好，只要吃一碗飯、獲取二十瓦特的能量就足夠，等同開燈使用的能量。看到喜歡的人會無法忘懷、吃到美食會感到幸福、遇到難題會覺得痛苦，這些複雜的過程，只要憑著這麼少量的能源就能啟動。

馮紐曼與圖靈是將大腦視為電腦的先驅，現代科學也同樣將大腦的啟動方式與構造，運用於半導體上，稱為仿神經（neuromorphic）。簡單來說，就是以半導體來呈現生物的腦。二〇二〇年三月，英特爾與康乃爾大學研究團隊開發出新型仿神經形態半導體 Loihi，

並將結果發表在《機器智慧期刊》（*Nature Machine Intelligence*）上[17]。

這個半導體成功依據研究團隊設計的演算法，學習十種味道，等於出現了能聞味道的半導體！但你可能會想問，電腦沒有鼻子，怎麼聞味道？研究團隊用感測器解決這個問題。

首先，先配置七十二個能感知化學物質的感測器，讓電腦蒐集丙酮、氨、甲烷等十種味道的數據，使各個感測器對每種味道做出不同反應，講得更清楚一點，就是研究團隊反覆讓電腦「聞」味道，直到電腦可以區分為止，這也算是一種機器學習[18]。

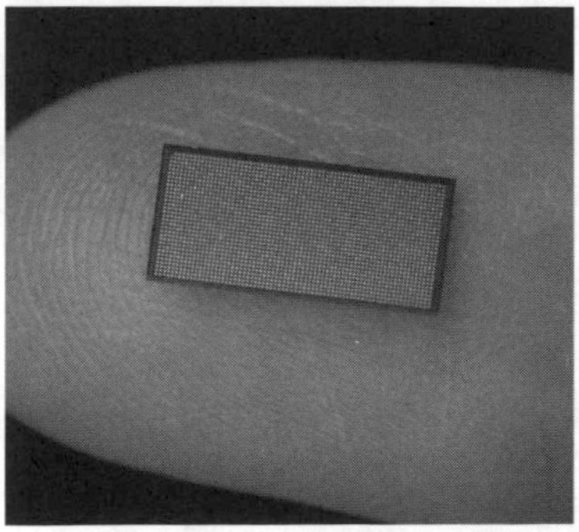

▲ 2021 年 9 月推出的 Loihi 2，處理速度比最初版快上 10 倍。

二〇一九年十一月，率領英特爾仿神經形態研究的麥克・戴維斯（Mike Davies）說：「四年內，將會出現仿神經形態的半導體。」[19]也就是說，能聞味道的半導體是英特爾遠大計畫中的一部分。作為一間無廠半導體公司，英特爾最近在超微半導體公司的攻勢下陷入苦戰；作為晶圓代工廠，也完全無法趕上台積電和三星。

在各種原因之下，已經很久沒看到像過去那樣獨步創新的英特爾了。不過，仿神經可說是未來技術，如果英特爾能在美國政府各種管道的支持下，成為仿神經半導體的強者，情勢就會翻盤。

再次回到能聞味道的半導體，如果這項技術能商業化，就能應用在各個方面。如果裝在醫院裡，能透過味道找出癌細胞；裝在機場裡，能找出炸彈或毒品。就算不是為了特定目的，也可以用來增添生活娛樂或提供資訊。

小時候看到電視上出現美食時，我會很想聞聞看那道菜的味道，應該不只我，很多人都這樣想過。能聞味道的半導體，讓這件事變得可能，首先，感測器能在聞食物的味道後分析，製造出數據，如果將那個數據傳送到我的智慧型手機，裝在智慧型手機裡的特殊裝置，就能組合化學物質，散發該味道。這樣下來，**以後不管螢幕上出現什麼，我們都聞得到**，這個研究是讓此科技融入日常生活的第一步。

很有趣的是，其實韓國也曾開發過能聞味道的半導體[20]。二〇一九年六月，KIST研究團隊曾發表在期刊《生物傳感器和生物電子學》（*Biosensors and Bioelectronics*）上；他們開發出一個裝置，先在矽基板上弄出數萬個細微孔洞，然後放上人工細胞膜來區別味道。人工細胞膜的構造，浮在跟一般生物體的環境很類似的液體上，所以非常不持久，一天左右就會崩解；不過，這次開發的半導體型人工細胞膜，其基板為固體，可以維持超過五天，這樣下去就能增加體積，更有利於聞出正確的味道。

如果電腦繼視覺（VR頭盔）、聽覺（高效能耳機）、觸覺（人工皮膚）後，接著也能以這種方式，人工製造出嗅覺（能聞味道的半導體），就只剩味覺還沒達成了。

在二〇二〇年四月，由美國電腦協會（Association for Computing Machinery）主辦的人機相互作用學會（CHI）裡，明治大學的宮下芳明教授發表了以虛擬的方式實現味覺的驚人研究[21]。宮下利用五種凝膠，開發能呈現世上所有味道的設備，雖然還不完美，但都已經有了某種程度的成果，據說可以製造出砂糖和壽司的味道。

此設備名為壽司捲合成器（Norimaki Synthesizer），其實際外型長得也很像日式飯捲。以甘胺酸、氯化鎂、檸檬酸、味精、氯化鈉做成凝膠後，用導電性很好的銅包覆，這時，各種凝膠都會發出特定味道，甘胺酸是甜味、氯化鎂是苦味、檸檬酸是酸味、味精是濃醇的味道、氯化鈉則是鹹味。

在還沒通電時，把壽司合成器放在舌頭上，會嚐到全部五種味道；接上電後，可以調整每個凝膠的電流強度，藉此調整五個味道的比例，這麼一來，就能重現特定口味。想想看，如果沒有吃炸雞，卻能感受到炸雞的味道，這樣會不會有助於減肥？

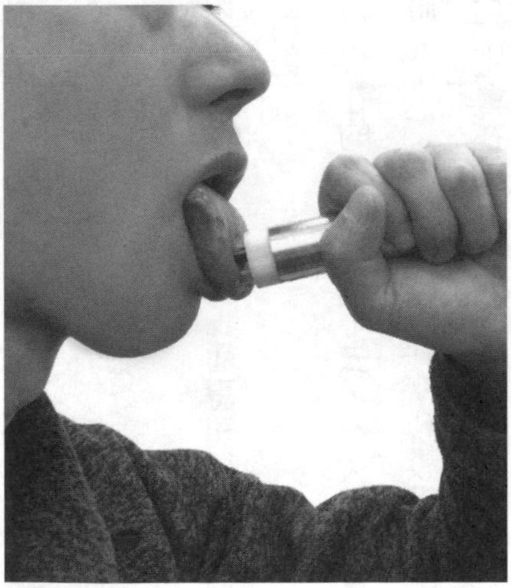

▲ 使用壽司捲合成器。

這個想法可能有點奇怪，但這個技術似乎可以用在成人產業上，因為成人產業總是能擴大經濟效益。光是在美國，成人產業規模就達到一兆一千兩百億韓元，全世界則將近一百七十兆韓元[22]，日本就更不用說了。

為了實現比現實更真實的虛擬實境，現在也有很多學者在努力研究，而壽司捲合成器，在感受到對方的「味道」方面，確實扮演了很重要的角色。

我們將是歷史上第一個實現虛擬實境的一代人，以現在的速度持續下去，不久後就會看到。十年前根本無法想像現在會有這麼多虛擬實境研究，一般人可以買到VR設備就是很驚人的事了，所以別說是一百年後的遙遠未來，我們一定會在近日接觸到虛擬實境。

如果有人反駁，說不可能有這種事，自己卻滑智慧型手機滑得很開心，我就想告訴他一句谷歌前執行長艾瑞克・史密特（Eric Schmidt）說過的話：「偉大的革命家與公司的特色，就是看見別人看不見的東西，他們開發出你感受不到必要性的東西，某天你看到那個成果後，就會說：『我要那個東西！』」

7 全像投影，讓初音從軟體變真人

品嚐食物、牽著戀人的手並感受對方的體溫、在下雨天聞到泥土的味道、唱著喜歡的歌手的歌，這些經驗都非常真實，所以我們會覺得這就是現實，而這種真實感，是由大腦傳送出的電子訊號形成的感受。

被稱為AI研究大師的卡內基美隆大學（Carnegie Mellon University）教授漢斯．莫拉維茨（Hans Moravec）發現，大腦每秒進行一百兆次的運算[23]，而贏過韓國圍棋九段棋手李世乭的AI圍棋軟體AlphaGo，每秒進行一千兩百三十二兆次的運算[24]，完全比不上目前最強的電腦富岳，每秒進行四十四京次運算[25]。

大腦已經輸給電腦很久了，這麼說來，效能較「落後」的人腦，都可以用電子訊號來辨識現實了，難道這麼優秀的電腦，無法做到一模一樣的事嗎？也就是說，難道電腦無法創造出極為逼真的虛擬實境嗎？

前面提到，研究學者正密切進行能讀取想法、聞到並嚐到味道、實現觸覺的研究。那視覺呢？人的眼睛非常細緻，看到數千萬韓元的超高畫質電視，雖然會覺得畫質很好，也不會覺得那是真的，背後原因很簡單，現今顯示器全都以技術來調整光的強度和亮度，然而，顯示器的「終結者」——全像投影，則不一樣。

二〇一〇年，日本虛擬歌手初音未來舉辦了一場演唱會，影片已經上傳到 YouTube 上，好奇的人可以自行搜尋。虛擬角色竟然能在物理的空間裡唱歌跳舞！但必須先說，有人質疑這到底算不算全像投影，嚴格來說，這的確只是類似的技術；許多媒體稱此為全像投影演唱會，但這樣講並不對，而是在智慧型手機上放上倒金字塔形的稜鏡，再播放影像，這時光線會反射，看起來像是全像投影。

我在韓國資訊通信企劃評價院的協助下，學習全像投影前，也同樣被媒體誤導。以前以為全像投影等同於立體照片或影片等，不過現在我可以說，那些都是假的全像投影，因為只是在地上播放影片後反射，看起來像是立體的罷了。

首爾大學教授李炳浩說，這種類似技術跟全像投影一點關係都沒有，兩者的技術差異真的很大，就像是把鏡中的自己再反射到另一面鏡子上，卻說成是全像投影。全像投影是

▲ 初音未來演唱會現場，仔細觀察可以看到反射光線的螢幕。掃描 QR Code 可觀賞完整影片。

3D顯示，並不是讓2D畫面看起來像立體的，所以實現難度也超乎想像得高，許多相關研究還在持續進行中。

只要研發成功，全像投影除了3D顯示之外，可以運用的領域非常廣。如果跟顯微鏡結合，就能更仔細的觀察微觀世界。此外，最近線上活動已經成為日常生活的一部分，利用全像投影即時上課或開會，一定會受到關注，因為使用者能夠更加投入。其實，二〇二〇年八月，漢陽大學校長金于勝就介紹使用全像投影的全新教育方式[26]，還可以用透明影片記錄三次元物件的所有樣貌，除此之外，還有更多例子，後面我會再更仔細的探討。

這麼說來，什麼是真正的全像投影？究竟是什麼樣的技術，讓許多人將其譽為「終極3D」、極為盛讚？首先，我們來拆解全像投影的英文hologram一詞，在這裡，「holo」是完全、「gram」放在字尾則是記錄的意思，也就是記錄光波後播放的技術。

全像投影使用的是震幅和相位（按：描述訊號波形變化的度量）的光波訊息，只要有訊息，隨時都可以重新播放，也能隨心所欲的剪輯，總的來說，浮在空中的立體畫面或影片，就是光波訊息。仔細想想，竟然能像這樣調整光波，真的是非常夢幻的技術。

全像投影的概念出自於一九四八年，蓋博發表在《自然》上的論文，但依然有很長一段路要走[27]。若想以全像投影正確成像，就要以畫素單位調整光波震幅與相位，以現代物理學來說，必須深入研究非常困難的領域——「波」，所以入門門檻非常高。一開始要獲得數據非常困難，不過，全像投影的研究不曾中斷過，目前仍如火如荼的進行著，而且應用領域也逐漸擴大。我敢預期，這不會是很久以後的事。

舉例來說，前面有提到HUD（抬頭顯示器）。如果電影場景中出現戰鬥機，仔細觀察就會看到駕駛座前面有個小玻璃板，那就是HUD。平常，它只是透明的玻璃板，但驅動後能出現戰鬥機駕駛員需要的各種資訊。在激烈的戰鬥中，沒辦法確認複雜的數據，所以才在駕駛前方呈現重要資訊。

最近，這種科技也會用在汽車上，現在大部分汽車使用的HUD，都是前面說明的假全像投影，只是反射而已。不過，二〇一九年研發各種車用半導體的瑞士公司WayRay，在全球最大家電展消費電子展（Consumer Electronics Show，簡稱CES）上展示接近全像投影、沒有任何反射鏡的HUD，他們在汽車正前方的玻璃上，塗滿特殊光學元件並利用AR顯示器呈現。

▲ WayRay 最頂尖的 HUD。跟駕駛相關的各種資訊會即時呈現在玻璃窗上。

二〇一六年，三星顯示器已經在國際資訊顯示學會（Society for Information Display，簡稱SID）的展覽上推出全像投影顯示器；二〇一七年，韓國超精密光學公司Tomocube開發出世上第一臺全像投影顯微鏡，不需要破壞或接觸樣本，就成功以立體的方式測量。

雖然全像投影的技術尚未完善，但許多專家估計在二〇二三年，市場價值將出現爆發性成長，在美國達到一百零五億美元，在歐洲達到三十三億美元，日本達到二十四億美元，全世界則會達到兩百零五億美元的規模，年平均成長率約為六．八%[28]（按：根據大型技術調查顧問公司Technavio於二〇二一年的報告顯示，全球全像投影市場估計將在二〇二五年前，成長至二十一．六億美元）。

在日常生活中體驗全像投影還很困難，然而，創新是默默的準備，然後某一天突然出現。一九九二年，IBM研發出全球第一臺智慧型手機時，沒有任何人注意到，但二〇〇七年，蘋果推出第一支iPhone後，我們就無法想像沒有智慧型手機的生活了；全像投影也是同理，雖然現在看起來是很遙遠的事情，但說不定會突然闖入你我的生活中，到那時，大家才會親身感受到全像投影強大的威力。蓋博便曾說：「未來無法預測，不過可以開發。」

8 卡通和電影裡的世界，你想進去嗎？

前面提到很多研究報告，總的來說，顯示器的終結者就是全像投影。如果全像投影跟前面提過的各種虛擬實境技術一併商業化，會發生什麼事？如果全像投影跟能傳達觸覺的衣服結合呢？要是以全像投影出現在眼前的某人或某個東西，還能夠觸摸到呢？這樣的話，肯定能更真實的體驗電玩或電影；假設在電玩裡被攻擊，或是電影中出現鬼影，不僅是視覺上受到驚嚇，還能以觸覺感到疼痛或發毛，可想而知，具有非常龐大的市場價值。

可是，全像投影該解決的難題非常多。蓋博在一九四八年提出概念後，到目前為止還沒有出現真正的全像投影。雖然可以在實驗室裡呈現到某個程度，但如果要實際運用，還是有很多缺點，尤其是要呈現出全像投影的顯示器，若畫面太大，可視角度會被縮減；但如果要讓可視角度變寬，畫面就會變小，也就是說，顯示器的大小和可視角度成反比。

可視角度如同字面上的意思，代表能正確看到畫面的角度。我們看智慧型手機時，很少從剛剛好的正面來看，每個人都會偏向某種姿勢，可能是稍微上面、下面或旁邊，但還是不會感到不舒服，這是因為可視角度很寬。我小時候用掌上型多媒體播放器的可視角度太窄，所以只要稍微放旁邊一點，就幾乎看不到整個畫面。

全像投影也是如此，畫面要大，可視角度也得夠寬，但以目前的技術來說，如果可視角度要達到三十度，顯示器得小到長寬只有兩公釐，當然，製作費可能會高達數千萬韓元，而且也沒有人會花錢買這種東西。

不過，有一個研究團隊解決了這個問題，並在二〇二〇年十一月登上《自然通訊》。三星電子綜合研究院的研究團隊，花了八年多的時間，解決了可視角度大部分的問題[29]。從本書前面一連串聽下來，到這裡你可能覺得不足為奇了，但我們要記得，三星不是國家級研究單位，他們最重視的是公司盈虧，也就是說，他們在研究全像投影時，非常重視能否商業化、能不能與半導體或顯示器連接，所以，他們不會投資無法賺錢的技術（當然，還是會投資在目前看不到可能性的研究上，但最重要的標準還是能否商業化）。

以這個觀點來看，三星電子綜合研究院全力研究全像投影，這點值得我們留意，因為這表示他們解決了前面指出的問題，還在尋求能更接近商業化的創新方法。研究團隊提出能實際呈現 4K 全像投影的方法，他們不是呈現全像投影，只提出方法、技術和理論的證據，並以此為根據，製造出全世界第一個（非 4K）三十幀全彩全像投影影片。

他們是怎麼辦到的？首先，研究團隊使用空間光調變器（spatial light modulator，簡稱

SLM），這是製作3D影片的設備，目前為止開發的設備可視角度都很差，而研究團隊親自開發各種光學元件，解決了這個問題。

十年後，6G通訊將普及

前面強調過，呈現全像投影的顯示器的大小與可視角度成反比，因為全像投影的成像算式如下：

W（圖案大小）×θ（可視角度）＝λ（波長）×N（畫素）

接下來，如果想要放大圖案、拓寬可視角度，因為光的波長是固定的，所以只能增加SLM畫素。光的波長以三原色（紅、綠、藍）決定，我們無法干涉，但研究團隊使用親自開發的光學元件解決此問題，而且不用增加畫素，等於讓畫素的排列更細緻，算式就會改變成這樣：

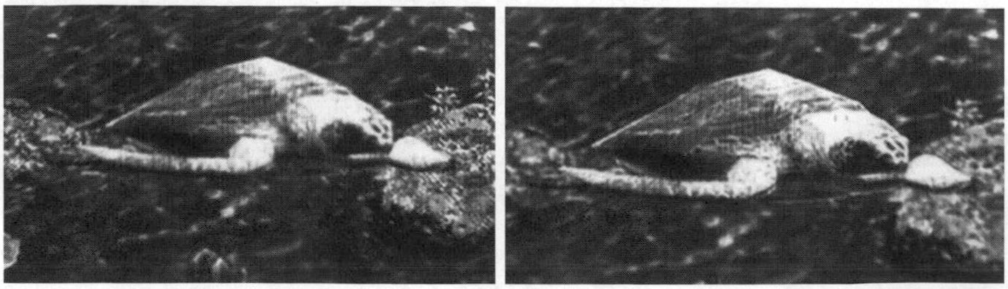

▲ 全彩全像投影影片。顯示器非常平，但珊瑚和海龜的清晰度相當不同，看起來就像兩者在物理上有一定距離。所以相機對焦在珊瑚上拍照（左邊）時，海龜看起來較模糊；對焦在海龜上拍照（右邊）時，珊瑚看起來較模糊。

$$W \times \theta = \Lambda \times N（1 + pSLM／pBD）$$

新加入的p代表像素間距（pixel pitch），也就是畫質間的距離。研究團隊將SLM的點間距縮小至五十八微米，將光束偏轉器（beam deflector）的間距（pBD）縮小至兩微米，結果大約呈現了三十倍寬的可視角度；此外，還以此為基礎，製作出全彩全像投影影片，並提出證據說明，4K全像投影影片是可行的。帶領此研究的學者李洪錫說：「從全像投影的生成到播放，我們都已經建構出完整的系統，也確定了商業化的可能性。」

這次的研究成功大幅改善SLM的可視角度，卻多出一個問題：3D影片要處理的數據比2D影片多上非常多。這麼說來，關鍵在於傳送速度。完美的全像投影技術即將出現，但如果網路速度太慢，無法播放內容，那有什麼用？不過，我們現在都尚未正式體驗到5G通訊的完整潛力。

許多專家認為5G通訊普及的速度會逐漸加快，再過大約十年，6G通訊也會普及。其實，三星電子已經為了搶占6G通訊技術而著手研究，二〇二〇年七月，三星

▲手上的妖精。因為改善了可視角度，所以無論在何種距離上看，手上的妖精看起來都像在往上飛。

電子以「新層次的超級連接體驗」為主題，公開6G通訊白皮書，裡面提到，6G比5G快五十倍，延遲時間降到十分之一。如果真的能成功，就能像電影《復仇者聯盟》（*The Avengers*）演的那樣，進行全像投影的視訊會議，因為能即時傳送大量數據。

如果智慧型手機上搭載全像投影的技術，智慧型手機的市場版圖將會完全翻轉。如果電影、電玩、電視劇都能在手掌大小的智慧型手機上，以全像投影的方式觀看，誰還會看其他的顯示器？我認為，三星電子正在開發的全像投影技術，勢必會最先被用在Galaxy上，這樣才能搶先占有新市場，Galaxy Fold和Galaxy Z Flip就是最好的例子。

三星電子是國際級的智慧型手機公司，三星集團旗下的三星顯示也是國際級的顯示器公司，在iPhone和Galaxy占有全球智慧型手機市場一半以上的情況下，蘋果也正使用著三星顯示器或LG顯示器的零件。

其實，某間臺灣媒體分析道，二〇二〇年推出的iPhone 12，有八成以上的OLED都由三星顯示製造[30]，所以，Galaxy很有可能是第一個搭載全像投影技術的智慧型手機。當然，也有可能會跌破大家眼鏡，出現第三個智慧型手機霸主，在市場板塊上掀起大地震，但那也只是假設，沒有人知道誰會成為主角。

雖然現在iPhone因為優秀性能的AP，以及果粉對品牌的忠誠度，獲得比Galaxy更高的人氣，但如果Galaxy擁有無法超越的技術，狀況就會改變，而且那技術很有可能是全像投影。

想像一下，觀看4K解析度的全像投影影片能感受到的視覺衝擊，這一切過去只能出現在想像中，但那個只出現在卡通或電視裡的世界，很可能即將到來。

半導體，下一個劇本

顯示器的戰國時代，才剛揭開序幕

儘管全像投影會為世界帶來衝擊，但2D顯示器也不會因此消失。現今2D顯示器技術發展的關鍵就是藍光LED，技術上要呈現非常困難，成功開發的科學家還獲得了二〇一四年諾貝爾物理學獎。而且，最近這個技術還被用在微發光二極體（Micro LED）上，受到了矚目，因為這樣就能直接發光，不需要LCD，還比OLED更亮、烙印更少。顯示器的戰爭，現在才正要開始。

9 未來的搖錢樹，是摸得到的光線

全像投影只限於「看」，我們有辦法摸到全像投影嗎？科幻小說《銀翼殺手二〇四九》（*Blade Runner 2049*）裡出現的嬌伊（Joi），是全像投影的人工智慧。在電影裡，她是最尖端技術的產物，不用光源就能自行存在，但還是無法觸摸，因為光就是光。

目前為止，我們看到以腦機介面為首的各種虛擬實境研究，在這裡，我們可以思考一下「看」的意義。愛因斯坦從小就想看停滯的光，他十六歲的時候幻想，如果能追上光的速度，就能看到停滯的波動，後代稱之為狹義相對論。光在真空下移動的速度是每秒三十萬公里，如果拍下愛因斯坦所想像、捕捉瞬間的光，那會是什麼景象？

也許有些人會覺得，這種好奇心對我們的生活毫無用處，無法理解為什麼有些人堅持要測量更小的物體、更短的時間，還會高聲反問，怎麼不專注於開發現在用得到的技術。

一九九八年，物理學家利昂·萊德曼（Leon Lederman）因為發現緲微中子而獲得諾貝爾物理學獎，我想告訴這些人，關於他的故事。

有天，萊德曼上臺演講，主題是物理學，在演講過程中，有人舉手問了一個非常挑釁的問題：「您有看過原子嗎？如果沒看過，怎麼能夠講得那麼有自信？」如果是一般人，應該會覺得提問者很沒禮貌而生氣，但萊德曼認為他的提問很有道理。

仔細想想也對，完全沒看過的東西，怎麼能如此肯定呢？不僅是他自己，所有科學家都是這樣，沒有人實際看過原子，但儘管如此，原子確實存在；也就是說，雖然沒看過，但知道它的存在，就是因為這樣，所以才更想親眼看見。也許萊德曼發現緲微中子，也是受到這一點影響。光也是一樣，我們都知道光同時具有粒子性和波動性，許多現象都證明了這一點，不過，沒有人親眼見證過光的這種性質，所以才更想看見。

不過，有一個研究滿足了我們的好奇心。二〇二〇年十二月，美國匹茲堡大學（University of Pittsburgh）研究團隊發表一篇主題為「拍下光的快照、讓光停止、利用光來改變物質特性」的研究，成功登上《自然》[31]。

該研究團隊擅長以顯微鏡觀測非常快速的事物（ultrafast microscopy），舉例來說，他們能用自製的電子顯微鏡，測量在三百三十阿秒（按：一種時間的國際單位，為10^{-18}秒）的瞬間，固體表面發生了什麼事。順帶一提，一阿秒為一百京分之一秒，不過這次的研究是在比阿秒長一千倍的飛秒單位，觀測光如何移動。

研究團隊捕捉到二十飛秒內的移動，並將其視覺化，畫面非常精細，如果能使用這項技術，就能以光操控原子，若用於半導體上，就能讓開關等過程快上非常多。光，是所有技術的核心，原因很簡單，幾乎所有的科學和工程都利用光來測量並觀察。現在，我認為社會大眾也將感受到透過光來「看」的意義與價值。

不過，除了看到光之外，有可能摸到光嗎？我很確定這是連愛因斯坦都無法想像的領域。二〇一六年五月，日本筑波大學研究團隊將可觸摸的全像投影，發表在《美國計算機學會圖形學彙刊》（*ACM Transactions on Graphics*）上[32]。

2D影片是顯示器射出光線或在螢幕上成像，但完美的3D影片，只要發射光線就會出現在空中。想像一下，大概就是現在手上沒有任何裝置，就出現3D影片的狀況，這麼一來，就能自由的看到前、後、左、右、上、下等各種角度，而且完全不需要螢幕，比前面說明的全像投影技術更為先進。

如果這件事可行，只要把空氣分子換成電漿（plasma）發光就行了。電漿就是將氣體加熱後，使原子和電子分離的狀態，我們所熟知、最代表性的電漿狀態氣體是太陽，太陽不就真的浮在空中，以龐大的能源發光嗎？不過，日常生活要怎

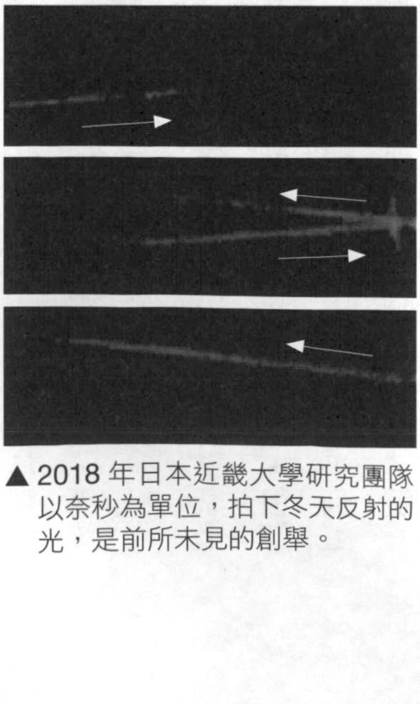

▲ 2018 年日本近畿大學研究團隊以奈秒為單位，拍下冬天反射的光，是前所未見的創舉。

麼使用這種狀態的全像投影？如果放在手上，不就被燒得連骨頭都不剩了嗎？

研究團隊用飛秒雷射解決這個問題。飛秒雷射就是字面上的意思，飛秒，也就是一千兆分之一秒為單位的雷射，通常是對觀察物體射出十至五十飛秒的雷射光，然後分析反射出來的光，再觀測那瞬間觀測對象如何移動和變化。

這時的重點在於極短的時間，也就是說，如果以飛秒雷射，對空氣照射極短的強大能量來製造電漿，那麼就算摸了也不會受傷。這就好比以手掌往錐子尖端壓下去，手掌可能會被刺穿，但如果只是輕輕拍，就只是感覺有些疼痛而已。簡單來說，就是同時刺激視覺和觸覺，如果是這種程度的全像投影，就能傳遞出比看還真實的感受。

現在持續研究的虛擬實境、擴增實境與全像投影，其核心都是光，如果能順利進行，我認為在十年到二十年後，就能成功商業化。如果是經常關注我的 YouTube 頻道的訂閱者，就會知道我很常提及相關研究，其原因很簡單，這些技術在未來都會變成錢，而且不只有我這樣想。

韓國電子通信研究院發行的書中，有一個段落寫著：

「我們的研究團隊正搭配目前國家的戰略計畫，研究虛擬實境與擴增實境，這麼說來，我們將面對的現實是什麼？以現

▲ 能觸摸的光。

在的時間點來說，似乎是全像投影。」[33]

三星電子也不是笨蛋，私人企業不會製造無法生財的技術，還自豪的發表全彩全像投影影片。如果發表的影片有這樣的水準，也許內部研究也已經進展到一定程度了。

帶領日本筑波大學研究團隊的教授落合陽一，在二〇一七年五月創立開發超聲波音箱的公司Pixie Dust Technologies，其官網首頁寫著：「我們將事物的型態轉換成空間，提供使用者魔法般的體驗……我們正在開發能解決各種問題，並透過空氣傳遞資訊的技術。」

光看這句話無法判斷，但可以得知他們正在研究中。實際上，日本在全像投影的領域領先全球，市場調查機構Global Market Insight表示，二〇二四年亞洲最大的全像投影市場將會在日本[34]。日本在全像投影領域嶄露頭角有許多原因，應該也受到成人產業的影響，畢竟，無論是何種技術，終究都會被應用在滿足人類慾望的領域上。

我堅信虛擬實境將成為未來的搖錢樹。如果有人問我，十年至二十年後，什麼技術會帶領創新，我會說是虛擬實境，如果可行，我甚至也想創業，做相關事業看看，雖然這條路風險會很高。

拋開技術研發失敗的風險，在各種規定之下，也要考量大眾觀感。不過，成功屬於勇於挑戰的人，韓國網際網路公司Kakao董事長金範洙，在二〇〇七年離開韓國IT公司NHN時，引用德國著名思想家歌德（Johann Wolfgang von Goethe）的話，表明他的決心：「船隻停在港口時最安全，不過那並不是船隻存在的理由。」

半導體，下一個劇本

半導體的下一個劇本，在哪裡？

自從發現光具有波動性和粒子性後，世界就被機率支配。愛因斯坦曾說：「上帝不會擲骰子。」但他終究說錯了，神也無法同時知道微觀世界裡，粒子正確的位置與速度，不過，現在已經發表能捕捉到粒子的研究了，也就是說，我們已經成功拍下同時是粒子也是波動狀態的光，並以肉眼看見這個東西。科學技術沒有不可能，這也是我們期待「下一個劇本」的原因。

本書參考資料
請掃描 QR code

Biz 416

半導體，下一個劇本

領先一奈米就領先全世界，文科生也能秒懂，入門變內行，股票投資買對上下游標的。

作　　者／權順鎔
譯　　者／葛瑞絲
審　　定／羅丞曜
責任編輯／李芊芊
校對編輯／黃凱琪
美術編輯／林彥君
副總編輯／顏惠君
總 編 輯／吳依瑋
發 行 人／徐仲秋
會計助理／李秀娟
會　　計／許鳳雪
版權主任／劉宗德
版權經理／郝麗珍
行銷企劃／徐千晴
行銷業務／李秀蕙
業務專員／馬絮盈、留婉茹
業務經理／林裕安
總 經 理／陳絜吾

國家圖書館出版品預行編目（CIP）資料

半導體，下一個劇本：領先一奈米就領先全世界，文科生也能秒懂，入門變內行，股票投資買對上下游標的。／權順鎔著；葛瑞絲譯. -- 初版. -- 臺北市：大是文化有限公司，2023.01
288面；17 × 23公分. --（Biz；416）
譯自：반도체, 넥스트 시나리오 : 미래는 어떤 모습으로 다가오는가
ISBN 978-626-7192-41-2（平裝）

1. CST：半導體　2. CST：半導體工業　3. CST：趨勢研究

448.65　　111015560

出 版 者／大是文化有限公司
臺北市100衡陽路7號8樓
編輯部電話：（02）23757911
購書相關諮詢請洽：（02）23757911 分機122
24小時讀者服務傳真：（02）23756999
讀者服務E-mail：dscsms28@gmail.com
郵政劃撥帳號：19983366　戶名：大是文化有限公司

法律顧問／永然聯合法律事務所
香港發行／豐達出版發行有限公司 Rich Publishing & Distribution Ltd
地址：香港柴灣永泰道70號柴灣工業城第2期1805室
Unit 1805, Ph.2, Chai Wan Ind City, 70 Wing Tai Rd, Chai Wan, Hong Kong
電話：21726513　傳真：21724355
E-mail：cary@subseasy.com.hk

封面設計／高郁雯　內頁排版／江慧雯
印　　刷／鴻霖印刷傳媒股份有限公司

出版日期／2023年1月初版
定　　價／新臺幣480元（缺頁或裝訂錯誤的書，請寄回更換）
I S B N／978-626-7192-41-2
電子書ISBN／9786267192726（PDF）
9786267192719（EPUB）